计算机系列教材

喻　勇　主编

王长波　李　明　刘向阳　副主编

大学计算机应用基础
上机实验指导

清华大学出版社

北京

内 容 简 介

本书为《大学计算机应用基础》配套用书,全书共分 10 章,分别针对计算机软硬件知识、Windows 7、Office 2010、计算机网络和 Internet、网页制作、数据库技术、多媒体技术精心设计了相应的实验,以加强理论知识的熟悉和掌握,并在附录部分针对全国计算机等级考试对公共基础知识的要求,给出了历年的真题和答案。

本书适合作为"大学计算机应用基础"课程的教学辅导用书,也可作为计算机知识和技术的自学者参考用书。

图书在版编目(CIP)数据

大学计算机应用基础上机实验指导/喻勇主编. —北京:清华大学出版社,2014
计算机系列教材
ISBN 978-7-302-37068-0

Ⅰ. ①大… Ⅱ. ①喻… Ⅲ. ①电子计算机—高等学校—教学参考资料 Ⅳ. ①TP3

中国版本图书馆 CIP 数据核字(2014)第 143014 号

责任编辑:白立军
封面设计:常雪影
责任校对:白 蕾
责任印制:宋 林

出版发行:清华大学出版社
   网   址:http://www.tup.com.cn,http://www.wqbook.com
   地   址:北京清华大学学研大厦 A 座   邮 编:100084
   社 总 机:010-62770175   邮 购:010-62786544
   投稿与读者服务:010-62776969,c-service@tup.tsinghua.edu.cn
   质量反馈:010-62772015,zhiliang@tup.tsinghua.edu.cn
   课件下载:http://www.tup.com.cn,010-62795954
印 装 者:三河市中晟雅豪印务有限公司
经 销:全国新华书店
开 本:185mm×260mm   印 张:11.25   字 数:257 千字
版 次:2014 年 9 月第 1 版   印 次:2014 年 9 月第 1 次印刷
印 数:1~4600
定 价:25.00 元

产品编号:060544-01

本书作为《大学计算机应用基础》一书的配套实验教材，是对其有效的补充和拓展，该书具有以下特点。

1. 可操作性

大部分的实验内容均是对《大学计算机应用基础》一书理论知识的加强，均可在基本的计算机系统上实现。

2. 实用性

每个实验均来源于现实生活和工作，可帮助学生在掌握所学知识的同时，提高其解决实际问题的能力。

3. 拓展性

在巩固《大学计算机应用基础》一书理论知识的同时，添加了计算机网络和 Internet、数据库技术、多媒体技术方面的拓展知识，精心设计了相关实验，为学生适应不同的工作环境打下基础。

4. 指导性

在附录部分，依据全国计算机等级考试大纲的要求，列举了大量历年考试的真题，并给出了解答，这对提高学生的应用能力具有很大的指导作用。

本书由湖北医药学院计算机教研室编写，由喻勇任主编，负责全书的总体策划、统稿、定稿工作，王长波、李明和刘向阳任副主编，协助主编完成统稿、定稿工作。参加本书编写的人员还有陈晓林、喻焰、姜燕、王晓、王群、鲍娟、王庆飞、方翔、李明、刘娜、柯尊平、朱根、刘赟、张仁庆、徐争、郭震宁等。在本书的编写过程中，参考了大量有价值的文献和资料，吸取了许多人的宝贵经验，在此向这些文献的作者表示敬意。在本书的成书过程中，还得到了湖北医药学院教务处及公共管理学院的主管领导的大力支持，在此一并表示感谢！

由于计算机应用技术的发展速度极快，加之编者的学识和水平有限，书中难免有错误和疏漏之处，敬请广大读者给予批评指正，不胜感激！

编 者

2014 年 5 月

第1章 计算机基础

1.1 实验目的

(1) 观察主板、I/O 扩充插槽、各种接口卡、光驱等设备。

(2) 掌握微机系统的连接。

(3) 掌握开机、关机的方法。

(4) 了解 BIOS 的启动和设置。

1.2 实验内容和步骤

1. 观察微型计算机系统的主要设备

(1) 观察微机系统的主要部件,观察主机箱及 USB、VGA、耳机等各种外置接口。

一个典型的微机系统如图 1.1 所示,主要包含主机、显示器、键盘、鼠标以及音箱等外部设备。

一台小型台式机箱的正面和背面视图如图 1.2 所示。

(2) 观察主板,认识 CPU、RAM 区、扩展槽和各种接口卡。

主板是微机最基本的也是最重要的部件之一。主板一般为矩形电路板,上面安装了组成计算机的主要电路系统,一般有 BIOS 芯片、I/O 控制芯片、键盘

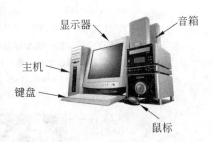

图 1.1 微机系统实物图

和面板控制开关接口、指示灯插接件、扩充插槽、主板及插卡的直流电源供电接插件等元件,如图 1.3 所示。

(3) 观察 RAM 区有几片 RAM 芯片以及怎样插入 RAM 插槽中。

内存是由随机存储器(Random Access Memory,RAM)构成的,故 RAM 区也即内存插槽区。现在主流的 DDR 型内存经历了三代的发展,即从 DDR1 到 DDR2,再到目前主流的 DDR3 代。内存条针脚一侧有一个缺口,不同代的内存缺口位置不一样,如图 1.4 所示。购买内存条时首先要搞清楚计算机主板支持的是第几代内存,否则可能造成主板和内存不匹配而无法使用的问题。

一般的计算机主板上有两个内存插槽,要将内存条安装在主板上,首先需要将主板上内存插槽两边的锁扣拉起来,然后将内存的缺口对准内存槽上相应的槽口,均匀用力向下压,使内存槽两侧的锁扣紧扣内存,当内存接口(也叫"金手指")完全插入内存插槽后,将内存插槽两边的锁扣紧扣住内存即可,如图 1.5 所示。

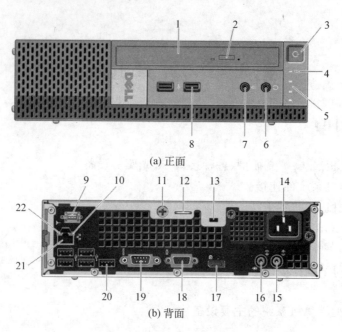

图 1.2　机箱的正面和背面图

1—光盘驱动器　2—光盘驱动器弹出按钮　3—电源按钮、电源指示灯　4—驱动器活动指示灯

5—诊断指示灯(4个)　6—耳机连接器　7—麦克风连接器　8—USB 2.0接口(2个)

9—Wi-Fi天线(可选)　10—网络活动指示灯　11—指旋螺钉　12—挂锁扣环　13—安全缆线插槽

14—电源连接器　15—输出连接器　16—输入/麦克风连接器　17—DisplayPort连接器

18—VGA连接器　19—串行连接器　20—USB 2.0接口(5个)

21—网络连接器　22—链路完整性指示灯

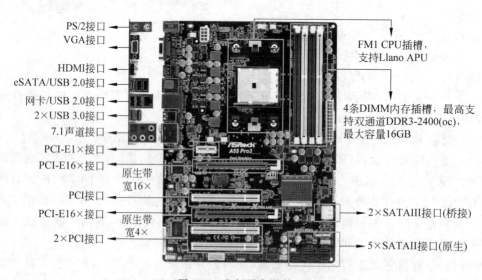

图 1.3　主板及各种接口

(4) 观察 CPU 的型号、形状以及是怎样插入主板 CPU 插座中的。

目前市场主流的 CPU 为 Intel 酷睿 i3、i5 和 i7 系列,图 1.6 为酷睿 i3 正面和背面图,

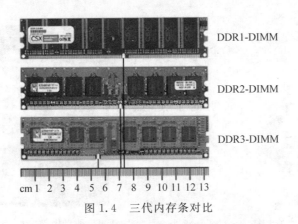

图 1.4　三代内存条对比

图 1.5　安装内存条

通过正面图可以看到 CPU 的型号和性能参数，背面是针脚，通过针脚插入主板的 CPU 插座即可将 CPU 安装在主板上，如图 1.7 所示。

(a) 正面　　　　　　(b) 背面

图 1.6　Intel 酷睿 i3 处理器

图 1.7　CPU 的安装

（5）认识硬盘，了解硬盘的内部结构。

图 1.8 是西部数据 1.0TB 硬盘的实物图，图 1.9 为硬盘的内部结构，主要包含接口、主轴、马达、磁头等。

（6）观察光盘驱动器和不同种类的光盘。

光驱是计算机用来读写光盘内容的设备，是台式机和笔记本电脑里比较常见的一个部件，图 1.10 展示了光盘驱动器（光驱）的实物图。目前主流的光驱可分为 CD-ROM 光驱、DVD 光驱（DVD-ROM）和刻录机等。

目前主流的光盘分为 3 种，分别是 CD、DVD 和 BD-R（蓝光光盘），其存储容量分别为 700MB、4.7GB 和 25GB，如图 1.11 所示。

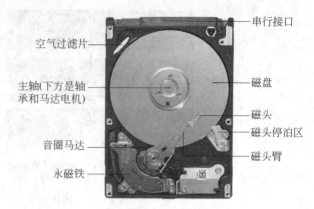

空气过滤片

主轴(下方是轴承和马达电机)

音圈马达

永磁铁

串行接口

磁盘

磁头

磁头停泊区

磁头臂

图 1.8　计算机硬盘实物图　　　　　　图 1.9　硬盘内部结构示意图

(a) CD　　　　　　(b) DVD　　　　　　(c) BD-R

图 1.10　光盘驱动器实物图　　　　　图 1.11　三种光盘的实物图

2. 微机系统的连接

微机的连接主要是把组装好的主机和显示器、电源、鼠标、键盘以及其他的外部设备连接起来。一般遵循以下几个步骤。

(1) 将主机与键盘、鼠标连接起来,即把键盘和鼠标的插头(一般为 USB 或者 PS/2 接口)插到主机背后的两个插座内。

(2) 连接交流电源,即把交流电源插头插入主机背后的插座内。

(3) 连接显示器,即把显示器上所带的显示器插入主机背后的 VGA 插座,并旋紧螺丝固定。

(4) 连接打印机、音箱、手写板等其他外部设备。

(5) 将显示器、主机以及其他外设的电源插到交流电插板上,按开机键进行测试。插入交流电前要特别注意检查交流电源的电压值(一般市电为 220V)和主机插头上方指示的电压值是否相同。

连接和使用微机的过程中要注意,微机应安装在通风较好,附近无热源,空气中灰尘少且比较干燥的地方,以避免恶劣环境影响微机的寿命。

3. 计算机的启动和关闭

1) 计算机的启动

计算机的启动根据当时计算机所处的情况和用户的目的,分为冷启动、热启动和复位启动 3 种方式。

（1）冷启动。

冷启动即通常所说的开机，是指计算机在没有加电的状态下初始加电，一般原则是，先开外设电源，后开主机电源，因为主机的运行需要非常稳定的电源，为了防止外设启动引起电源波动影响主机运行，应该先把外设电源接通，同时应避免主机启动后，在同一电源线上再启动其他电器设备，如电视、冰箱、空调等家电设备。而关机时正好相反，应该在关闭计算机程序后，先关主机后关外设，这样可以防止外设电源断开一瞬间产生的电压感应冲击对主机造成伤害。

（2）热启动。

计算机在运行过程中由于某种原因发生死机或者某些程序需要重新启动时，可采取以下方式进行热启动（Windows 7 系统下）。

方法一：单击计算机桌面左下角的"开始"菜单，在弹出的界面中单击"关机"按钮旁边的小三角，选择"重新启动"选项，计算机即可实现自动重启。

方法二：同时按住键盘上的 Ctrl＋Alt＋Delete 键，在出现的界面中选择"任务管理器"，如图 1.12 所示，利用任务管理器可以强行终止选定的程序，使系统恢复正常运行，从而实现热启动。

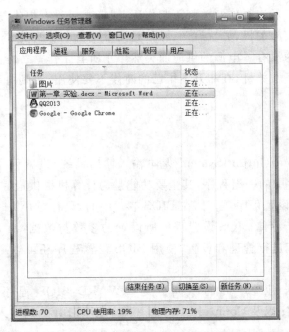

图 1.12　Windows 任务管理器

（3）复位启动。

在某些情况下计算机停止响应（死机）后，键盘鼠标都无法响应，这时通常采取复位启动的方式。一般在主机面板上都有一个复位按钮开关，轻轻按一下即可，计算机会重新加载硬盘等所有硬件以及系统的各种软件。复位启动按钮一般标有 Reset 字样。

计算机启动的最终目的是把操作系统从磁盘装入内存之中，并且在屏幕上显示桌面。

在冷启动方式下,机器将进行全面自检,最后完成操作系统的引导。热启动方式下,只对机器进行局部自检,内存等部分不进行自检。复位启动跟热启动的效果类似。

2) 计算机的关闭

正常的关机方法主要有两种,即利用鼠标或者利用快捷键。

方法一:利用鼠标关机。首先保存正在运行的应用程序的各项数据,然后关闭应用程序,最后单击"开始"按钮,在弹出的界面中选择"关机"选项,计算机即可自动安全地关闭,如图 1.13 所示。

方法二:利用快捷键关机。在 Windows XP 系统中,可依次按下 Windows 键、字母 U 键和 Enter 键实现快速关机。在 Windows 7

图 1.13　Windows 7 关机界面

操作系统中,可依次按下 Windows 键、右方向键和 Enter 键实现快捷关机,如图 1.13 所示。

计算机有时死机后连复位开关都不起作用,或者主机没有提供复位开关,这时可以采取强行关机的办法实施关机,方法有两种,一是按下主机电源开关 5s 左右,电源会自动关闭,随之,主机会因为没有了电源的供应而突然停止所有工作;二是直接拔掉电源线。但这两种方法都是非正常关机,在非万不得已的时候不要使用,否则可能造成计算机硬软件的损坏。

4. BIOS 设置

BIOS(Basic Input Output System,基本输入输出系统)设置程序是被固化到计算机主板上的 ROM 芯片中的一组程序,其主要功能是为计算机提供最底层的、最直接的硬件设置和控制。BIOS 设置程序是存储在 BIOS 芯片中的,只有在开机时才可以进行设置。

CMOS 主要用于存储 BIOS 设置程序所设置的参数与数据,而 BIOS 设置程序主要对基本输入输出系统进行管理和设置,使用 BIOS 设置程序还可以排除系统故障或者诊断系统问题。

BIOS 程序根据制造厂商的不同分为 AWARD BIOS 程序、AMI BIOS 程序、PHOENIX BIOS 程序以及 Compaq BIOS 程序等。不同 BIOS 的进入方式不同,如表 1.1 所示。

表 1.1　不同品牌 BIOS 程序的进入方式

BIOS 品牌	进入方法	BIOS 品牌	进入方法
Award BIOS	按 Del 键	Phoenix BIOS	按 F2 键
Ami BIOS	按 Del 或 Esc 键	Compaq	按 F10 键

　　除上述几种常见 BIOS 的进入方法外,还有如 Ctrl＋Alt＋ESC 组合键,Ctrl＋Alt＋S 等方法进入 BIOS 系统。

　　以 AMI BIOS 程序为例,当开启计算机或重新启动计算机后,在屏幕显示"Waiting…" 时,按下 Del 键就可以进入 BIOS 的设置界面(其他厂家的 BIOS 进入方法可能不同),如 图 1.14 所示。要注意的是,如果按得太晚,计算机将会启动系统,这时只有重新启动计算 机了。大家可在开机后立刻按住 Delete 键直到进入 CMOS。

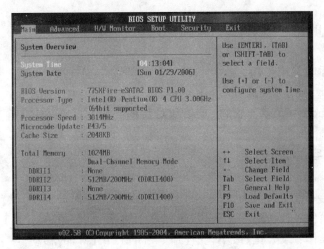

图 1.14　BIOS 程序的基本界面

　　最上方分别是计算机信息选项卡、高级配置选项卡、显示设置选项卡、启动引导设置、 信息安全配置、退出选项卡。左右方向键选择顶部菜单,上下方向键选择项目,＋/－热键 更改设置值,Tab 热键提供选择字段,F1 热键显示帮助信息,F9 热键用来恢复默认值, F10 热键保存当前设置并退出,Ese 热键退出但不保存设置。

1.3　思考及操作

　　(1) 导致计算机"死机"的原因有哪些? 如何解决"死机"问题?

　　(2) 进入计算机 BIOS 查看计算机的基本配置信息。

　　(3) 调查目前市场上主流的微机配置,并列出一份配置清单。

第 2 章　Windows 7 操作系统

2.1　【实验 2-1】　Windows 7 基本操作

2.1.1　实验目的

(1) 掌握鼠标的常用操作。

(2) 熟悉 Windows 7 桌面环境、任务栏。

(3) 掌握 Windows 7 基本窗口、菜单和对话框的操作。

2.1.2　实验内容

(1) 桌面操作：自定义桌面、设置桌面背景、设置屏幕保护程序、设置屏幕分辨率。

(2) 任务栏操作：自动隐藏任务栏、快速显示桌面、跳转菜单。

(3) 窗口的操作：最大化、最小化、还原、关闭窗口、窗口的移动。

2.1.3　实验步骤

1. 桌面操作

1) 自定义桌面

情境：安装 Windows 7 系统后的桌面系统图标很少，如何添加系统图标和修改图标呢？

操作步骤如下。

(1) 在桌面空白处右击，在弹出的快捷菜单(见图 2.1)中选择"个性化"选项，进入如图 2.2 所示的"个性化"设置面板，找到"更改桌面图标"选项。

(2) 单击"更改桌面图标"选项，弹出"桌面图标设置"对话框，如图 2.3 所示。其中，"桌面图标"框架中的计算机、回收站、控制面板、用户的文件夹和网络选项前的复选框是否勾选，可以控制桌面上对应的系统图标显示与隐藏。

(3) 如果要改变桌面默认图标，如回收站，用户可以单击"桌面图标设置"对话框中欲修改的系统图标，然后单击"更改图标"按钮，在弹出的"更改图标"对话框中可以选择系统自带的图标，也可以单击"浏览"按钮找到欲选择图标的所在路径，如图 2.4 所示。

2) 自定义桌面背景

情境：Windows 7 默认的桌面背景比较单调，如何把校园生活照片设置成自己的桌面背景，并使几张桌面背景图片自动切换？

图 2.1　桌面右键快捷菜单

图 2.2　"个性化"设置面板

图 2.3　"桌面图标设置"对话框

图 2.4　"更改图标"对话框

操作步骤如下。

（1）建立一个文件夹，然后将想要轮换显示的校园生活图片放入文件夹。

（2）在桌面空白处右击，弹出如图 2.1 所示的快捷菜单，选择"个性化"，进入如图 2.2 所示的"个性化"设置面板。

（3）在"个性化"窗口中单击左下角的"桌面背景"链接，弹出如图 2.5 所示的"桌面背景"窗口。

（4）"桌面背景"窗口中系统自带的图片非常单调，用户可以单击"浏览"按钮选择刚才建立的文件夹。此时"桌面背景"窗口将显示文件夹中图片的缩略图。用户可以勾选图片左上角的复选框确定显示的桌面背景，如图 2.6 所示。

图 2.5 "桌面背景"窗口

图 2.6 设置后的"桌面背景"窗口

　　（5）"桌面背景"窗口中向下拉窗口边缘的滚动条，显示窗体的下部分，如图 2.7 所示。在这里用户可以设置合适的桌面背景显示方式。如图 2.7 所示，其中用户选择图片位置为常用的"填充"（图片自适应桌面大小）、图片显示的间隔时间为 30 分钟，"无序播放"复选框被勾选。

　　（6）单击"保存修改"按钮后，桌面背景轮换功能设置成功。

　　3）设置屏幕保护程序

　　情境：若是用户暂时离开计算机，如何设置屏幕保护以防止其他用户窥探用户隐私？操作步骤如下。

图 2.7　"桌面背景"窗口下部分

　　(1) 在桌面空白处右击,在弹出的快捷菜单中选择"个性化",进入如图 2.2 所示的"个性化"设置面板。

　　(2) 在"个性化"设置面板中选择右下角"屏幕保护程序"选项(没有设置屏幕保护程序时,其选项图标上有一个红色标记 ⊘),弹出如图 2.8 所示的"屏幕保护程序设置"对话框。

图 2.8　"屏幕保护程序设置"对话框

（3）在"屏幕保护程序设置"对话框中，选择一个要设置的屏保图案。例子中，下拉列表框选择"照片"选项，然后单击"设置"按钮来设置照片。

（4）打开如图2.9所示的"照片屏幕保护程序设置"对话框，单击"浏览"按钮选择需要的屏保照片文件夹，再在此窗口中设置幻灯放映的速度为"中速"，单击"确定"按钮即可在"屏幕保护程序设置"对话框中看到预览效果。

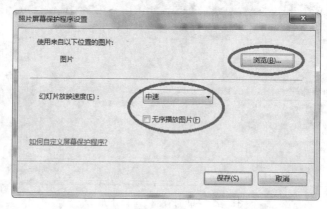

图2.9 "照片屏幕保护程序设置"对话框

（5）在如图2.10所示的"屏幕保护程序设置"对话框中，用户设置"等待"数值框为1分钟。需要密码保护时，选中"在恢复时显示登录屏幕"复选框，单击"确定"按钮即可。此时，屏幕保护程序在键盘和鼠标无操作1分钟后自动启用。

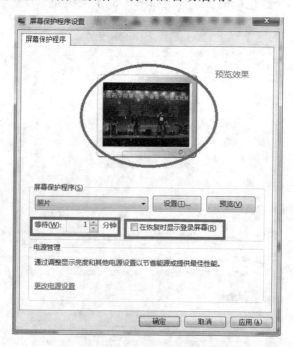

图2.10 "屏幕保护程序设置"对话框

4）设置屏幕分辨率

情景：屏幕分辨率决定了显示器显示画面的精细度，分辨率越高，画面越精细；反之，画面就越粗糙。现在的显示器都可以支持较高的分辨率，如何设置分辨率才能享受到美丽而真实的画面？

操作步骤如下。

（1）在桌面上右击，在弹出的快捷菜单中选择"屏幕分辨率"选项，如图2.11所示。

（2）在如图2.12所示的"屏幕分辨率"窗口中，可以看到显示器的型号和当前所设置的分辨率。

图2.11　桌面右键快捷菜单

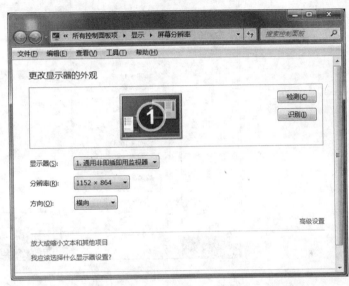

图2.12　"屏幕分辨率"窗口

（3）不同型号、不同尺寸的显示器，所支持的分辨率不同。单击分辨率对应的下拉列表框，通过移动游标，可以设置不同的分辨率，如图2.13所示。

（4）选择好一个分辨率后，单击"应用"按钮，屏幕会黑屏两秒钟左右切换到选择的分辨率状态，并出现一个对话框，单击"保留更改"按钮就是使用新分辨率，单击"还原"按钮就是恢复到原来的分辨率，如图2.14所示。

注意：分辨率设置得太高，画面是很精细，但文字就会显得很小，视力不好就会看得比较吃力；分辨率调得过低，字大了，反而模糊不清。因此，要根据使用者的实际情况来设置合适的分辨率。

2. 任务栏操作

1）隐藏任务栏

情景：任务栏很碍眼，如何隐藏起来以创造更多的可视空间呢？

操作步骤如下。

（1）在任务栏上右击，在弹出的快捷菜单中选择"属性"命令。

（2）在弹出的"任务栏和'开始'菜单属性"对话框中选择"任务栏"选项卡。

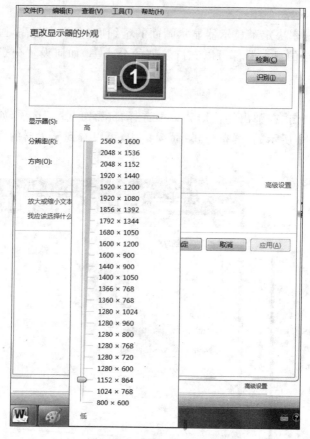

图 2.13　设置屏幕分辨率

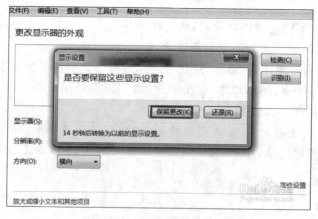

图 2.14　"显示设置"对话框

　　（3）选中"任务栏外观"选项区域中的"自动隐藏任务栏"复选框，单击"确定"按钮，如图 2.15 所示。

　　（4）如果任务栏被隐藏，可将鼠标指针指向桌面底部（也可指向侧边或顶部），任务栏即可弹出。

2）快速显示桌面

情景：计算机打开了多个程序窗口，如何快速回到桌面？

操作步骤如下。

（1）单击任务栏最右侧的"显示桌面"按钮可以显示桌面。

（2）通过只将鼠标指针指向"显示桌面"按钮而不是单击，来临时查看或快速查看桌面。指向"显示桌面"按钮时，所有打开的窗口都会淡出视图，以显示桌面，若要再次显示这些窗口，只需将鼠标指针移动离开"显示桌面"按钮。

（3）使用 Win 键＋D 组合键将所有当前打开的窗口最小化，可立即显示桌面信息。

3）使用跳转列表（Jump List）

情景：用户如何快速访问常用的文档、图片、歌曲或网站？

操作步骤如下。

右击任务栏上的程序按钮即可打开跳转列表，如图2.16所示。

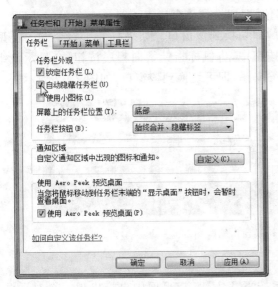

图2.15　"任务栏和'开始'菜单属性"对话框

图2.16　使用跳转列表（Jump List）

3.窗口的基本操作

窗口操作在 Windows 系统中很重要，不但可以通过鼠标使用窗口上的各种命令来操作，而且可以通过键盘使用快捷键操作。

1）打开和关闭

当需要打开一个窗口时，可以通过下面两种方式来实现。

（1）选中要打开的窗口图标，然后双击打开。

（2）在选中的图标上右击，在其快捷菜单中选择"打开"命令。

当需要关闭一个窗口时，可以通过下面几种方式来实现。

（1）单击窗口标题栏最右端的"关闭"按钮 ⊠。

（2）执行窗口"文件"菜单中的"关闭"命令。

（3）双击标题栏最左端的控制菜单按钮。

（4）单击控制菜单按钮，或按 Alt＋空格键，在弹出的控制菜单中选择"关闭"命令。

（5）使用 Alt＋F4 键。

2）移动窗口

（1）当窗口不是最大化或最小化状态时，将鼠标指针指向窗口的"标题栏"，按下鼠标左键，拖动鼠标（此时屏幕上会出现一个黑线框）到所需要的地方，释放鼠标按钮，窗口就被移动了。

（2）如果需要精确地移动窗口，可以在标题栏上右击，在打开的快捷菜单中选择"移动"命令，当屏幕上出现 ✥ 标志时，再按方向键来移动，到合适的位置后单击或者按 Enter 键确认。

3）切换窗口

可以通过以下方法在不同窗口之间进行切换。

（1）在桌面上单击某个窗口的任意部位，即切换到该窗口。

（2）在任务栏中单击某个程序的窗口，即切换到该窗口。如果打开了多个同一类型的窗口，在任务栏中它们会被合并到同一按钮中，将鼠标指针指向程序按钮，会显示该组所有窗口的缩略图，单击要切换的窗口的缩略图，即可切换到该窗口，如图 2.17 所示。

图 2.17　切换窗口缩略图

（3）使用快捷键 Alt＋Tab 进行窗口预览与切换。

操作步骤如下：按住 Alt 键不放，然后按下 Tab 键，在桌面中央将出现一个对话框，它显示了目前正在运行的所有窗口，还有一个透明的突出的外框框住其中一个窗口缩略图，如图 2.18 所示。按住 Alt 键，不停地按动 Tab 键，透明外框会依次从左到右在不同的缩略图中移动（如按住 Shift＋Alt＋Tab 键，则可以从右往左切换），框住的是什么缩略图，在释放 Alt 键时，该程序窗口就会显示在桌面的最上层。

图 2.18　Alt＋Tab 快捷键切换窗口

（4）使用 Aero 三维窗口进行窗口预览与切换。

操作步骤如下：按下 Win 键（即 Windows 徽标键）的同时按 Tab 键可打开三维窗口切换，此时所有窗口将显示倾斜角度的 3D 预览界面，如图 2.19 所示。在按住 Win 键不放的同时反复按 Tab 键可以让当前打开的程序窗口从后向前滚动。释放 Win 键可以显示堆栈中最前面的窗口，也可以单击堆栈中某个窗口的任意部分选择窗口作为当前窗口。

图 2.19　三维窗口切换

4）缩放窗口

操作步骤如下。

（1）当只需要改变窗口的宽度时，可把鼠标放在窗口的垂直边框上，当鼠标指针变成双向的箭头时，可以任意拖动。

（2）如果只需要改变窗口的高度，可以把鼠标放在水平边框上，当指针变成双向箭头时进行拖动。当需要对窗口进行两个方向缩放时，可以把鼠标放在边框的任意角上进行拖动。

5）最大化、最小化按钮

在对窗口进行操作的过程中，可以根据需要把窗口最小化、最大化等。

操作步骤如下。

（1）"最小化"按钮。在暂时不需要对窗口操作时，可把它最小化以节省桌面空间，直接在标题栏上单击此按钮，窗口会以按钮的形式缩小到任务栏。

（2）"最大化"按钮。窗口最大化时铺满整个桌面，这时不能再移动或者是缩放窗口。在标题栏上单击此按钮即可使窗口最大化。

（3）"向下还原"按钮。当把窗口最大化后想恢复原来打开时的初始状态，再单击最大化按钮即可实现对窗口的还原，在标题栏上双击也可以进行最大化与还原两种状态的切换。

6）窗口的排列

操作步骤如下。

在任务栏的空白区域右击,在弹出的快捷菜单中选择相应的命令即可快速对所有在桌面上的窗口进行排列,如图 2.20 所示。

其中一些命令的作用如下。

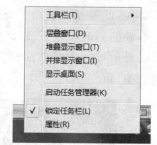

层叠窗口:以错位重叠的方式同时在桌面上显示多个窗口。

堆叠显示窗口:以横向的方式同时在桌面上显示多个窗口。

并排显示窗口:以纵向的方式同时在桌面上显示多个窗口。

图 2.20　窗口的排列

在选择了某项排列方式后,在任务栏快捷菜单中会出现相应的撤销该选项的命令,例如,执行了"层叠窗口"命令后,任务栏的快捷菜单会增加一项"撤销层叠"命令,当执行此命令后,窗口恢复原状。

2.2 【实验 2-2】　Windows 7 文件管理

2.2.1　实验目的

(1) 掌握资源管理器的启动。
(2) 了解资源管理器的窗口组成。
(3) 掌握文件和文件夹的浏览设置。
(4) 掌握文件和文件夹的管理方法。

2.2.2　实验内容

(1) Windows 7 资源管理器的启动和布局精简。
(2) 对网络中下载的大量的 MP3、图片、Word 文档等文件进行管理。

2.2.3　实验步骤

1. Windows 7 资源管理器的启动和个性化

操作步骤如下。

(1) 右击"开始"按钮,在弹出的快捷菜单中选择"打开 Windows 资源管理器"命令,即可弹出 Windows 资源管理器,如图 2.21 所示。

图 2.21　Windows 资源管理器的打开

(2) 相比 Windows XP 系统来说,Windows 7 在 Windows 资源管理器界面方面功能设计更为周到。有关 Windows 资源管理器的介绍详见主教材。

（3）如图 2.22 所示，Windows 7 资源管理器界面布局过于复杂，也可以通过设置变回简单界面。操作时，单击页面中"组织"按钮旁的向下箭头，在显示的目录中，选择"布局"中需要的窗格，例如细节窗格、预览窗格、导航窗格等，如图 2.23 所示。

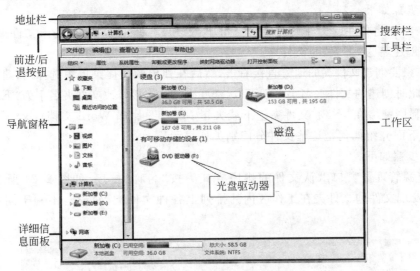

图 2.22　Windows 资源管理器

图 2.23　Windows 资源管理器的布局设置

2. 对网络中下载的大量的 MP3 文件进行管理

（1）在计算机硬盘分区上新建一个名为"下载"的文件夹。

操作步骤如下。

① 在要创建文件或文件夹的磁盘窗口单击"新建文件夹"按钮，输入文件夹名称"下载"，即可创建名为"下载"的文件夹。

② 在想要创建文件夹的地方直接右击，然后在弹出的快捷菜单中选择"新建"→"文件夹"命令，此时创建的文件夹名字处于可以修改的状态，直接修改文件夹名字为"下载"即可。

（2）利用网络在"下载"文件夹里下载大量 MP3、图片和 Word 文档、Excel 文档和压缩文件。下面介绍如何把这些文件分门别类地显示。

操作步骤如下。

① 资源管理器窗口默认文件的排序方式为按"名称"排序，如图 2.24 所示。观察图 2.24，发现文件和文件夹在工作区内的排列上各种文件类型混杂，不利于同种类型文件的选取。

图 2.24　按"名称"排序的资源管理器

② 单击"查看"菜单，在弹出的下拉菜单中选择"排序方式"，在其子菜单中选择"类型"选项，观察工作区文件排序变化；或者右击窗口中空白的工作区，在弹出的快捷菜单中选择"排序方式"子菜单的"类型"选项，观察工作区文件变化，如图 2.25 所示。

思考：排序方式中名称、类型、修改日期、大小分别在什么状况下采用？

（3）下载大量 MP3、图片、Word 文档、Excel 文档和压缩文件，如何对其分门别类地保存？

图 2.25　按"类型"排序的资源管理器

操作步骤如下。

① 按照新建文件夹的操作步骤，分别建立 4 个文件，夹即 MP3、图片、文本文档、表格文档。

② 选择多个相邻的文件：单击选中第一个文件后，按住 Shift 键单击其他文件，则两个文件之间的全部文件或文件夹均被选中。

③ 由于要移动的文件和文件夹在同一个硬盘分区上，可以直接拖曳多个相邻文件到目标文件夹之上即可完成移动操作。当然也可以通过快捷键 Ctrl＋X（剪切）、Ctrl＋V（粘贴）完成操作。

思考：

① 文件的全选、不连续选择和区域选择该如何操作？

② 同一磁盘分区内或不同磁盘分区内，文件和文件夹的复制如何操作？

（4）如何在不打开文件的情况下预览内容？

操作步骤如下。

方法 1：

① 单击"查看"菜单，在弹出的下拉菜单中选择"平铺"或者"中等图标"之上的选项，即可看到文件的缩略图，操作如图 2.26 所示。

② 单击窗口工具栏中的"更改您的视图"按钮，弹出如图 2.27 所示的面板，选择"平铺"或者"中等图标"之上的选项，即可看到文件的缩略图。

方法 2：

单击窗口工具栏中的"显示预览窗格"按钮，可弹出预览窗格，选择不同文件即可预览文件，如图 2.28 所示。

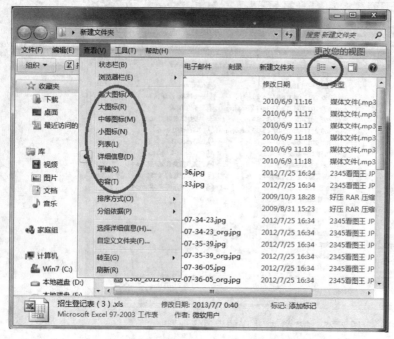

图 2.26　资源管理器中的查看菜单　　　　　　　　图 2.27　文件查看面板

图 2.28　预览窗格

（5）从数码产品中导出的图片名称是按照图片生成的时间命名的，如何重命名文件使得文件名称和图片内容相符？

操作步骤如下。

①　选择要重命名的文件，再单击窗口中的"组织"按钮，在展开的列表中选择"重命名"项，直接输入新的文件名称（如"灿烂杏花"），然后按 Enter 键确认。

②　利用右键菜单中的"重命名"项重命名文件。

（6）下载的 MP3 有重复的，如何删除？

操作步骤如下。

①　选中想要删除的文件或文件夹，然后按 Delete 键。

②　右击要删除的文件或文件夹，然后在弹出的快捷菜单中选择"删除"命令。

③　用鼠标将要删除的文件或文件夹直接拖动到桌面的"回收站"图标上。

④　选中想要删除的文件或文件夹，单击窗口工具栏中的"组织"按钮，在弹出的下拉菜单中选择"删除"命令。

第 3 章 　 Word 2010 文字处理

3.1 【实验 3-1】 Word 2010 的基本操作

3.1.1 实验目的

（1）掌握 Word 2010 文档的建立、打开和保存。
（2）掌握 Word 2010 文档编辑的基本操作。
（3）掌握 Word 2010 的查找和替换功能。

3.1.2 实验内容

1. 创建 Word2010 文档

在文档中输入文字内容，并以"电脑使用小贴士.docx"为文件名保存。

2. 文档的基本编辑

（1）正文前加标题"电脑使用小贴士"和"百度百科"。
（2）插入和删除一段文字。
（3）在"百度百科"文字前后加特殊字符，添加字符后成为【百度百科】。在第一段开始位置添加特殊符号💻。
（4）将文中所有"电脑"替换为"计算机"，文字颜色为"红色"、字形为"加粗"。

3. 文本的选定

使用鼠标和键盘选定文本内容。掌握一个词、一句话、一行、一个段落、全选的方法；选择不连续的文本内容、选定垂直矩形文本；最后取消选定。

4. 剪切、复制和粘贴文本

将第二段文字"1. 合适的工作环境……"复制到文本的最后。

5. 另外保存文件并更名

将文档另存为"预防电脑对人体的伤害.docx"。

6. 字数统计

统计出整篇文档的字数信息：页数、字数、字符数（不计空格）、段落数等。

7. 拼写检查和语法

用 Word 2010 自带的"拼写检查"功能,检查文档中的错误并改正。

3.1.3　实验步骤

1. 启动 Word 2010,创建新文档并保存

(1) 启动 Word 2010,输入以下内容。

> 　　电脑在给人类带来高科技享受的同时,给操作者带来的危害也逐渐为人们所重视。从事电脑操作的人应有自我保健意识。在日常工作中预防电脑病,应注意以下几点。
>
> 　　1. 合适的工作环境。室内光照要适中,不可过亮或过暗,且避免光线直接照射屏幕,以免产生干扰光线。屏幕不要太亮,颜色以绿色为宜。
>
> 　　2. 正确的坐姿。选择可调节高度的坐椅,背部有支撑,膝盖约弯曲90°,坐姿舒适。电脑屏幕的中心位置应与操作者胸部在同一水平线上,眼睛与屏幕的距离应在40～50厘米,肘部保持自然弯曲。
>
> 　　3. 敲击键盘不要过分用力,肌肉尽量放松。有肩周炎者应常活动肩关节,避免长时间不活动,肌肉、肌腱发生粘连。
>
> 　　4. 提高工作效率,尽量缩短在屏幕前停留的时间。电脑操作者连续工作1～2小时,休息10～15分钟,并活动手和脚。
>
> 　　5. 应经常洗脸和洗手。电脑屏幕表面有大量静电荷,易集聚灰尘,操作者应在使用完电脑后,注意清洗。
>
> 　　6. 应多吃富含维生素A的食物。如胡萝卜、豆芽、红枣、动物肝脏、瘦肉等,以补充体内维生素A的不足。还可多饮绿茶,因为绿茶中含有多种酚类物质,能对抗电脑产生的一些有害物质。

(2) 单击"文件"选项卡→"保存"命令,或者单击"快速访问工具栏"的"保存"按钮(🖫),打开如图 3.1 所示的"另存为"对话框;选择保存的位置,在"文件名"栏输入"电脑使用小贴士","保存类型"为默认类型"Word 文档(＊.docx)",最后单击"保存"按钮完成 Word 文档的保存。

2. 文档的基本编辑

1) 文档加标题
将光标移动到第一段的最前面,然后按 Enter 键,在空出的一行处输入标题"电脑使用小贴士"。再按 Enter 键,在标题的下面插入一个空行,并输入"百度百科"。

2) 插入和删除文字
将插入点移动到第一段"从事电脑操作的人应有自我保健意识"前,插入文字内容"长期使用电脑会引起人的视力衰退、关节损伤、辐射伤害、肩膀颈椎疼痛、腰椎间盘突出等

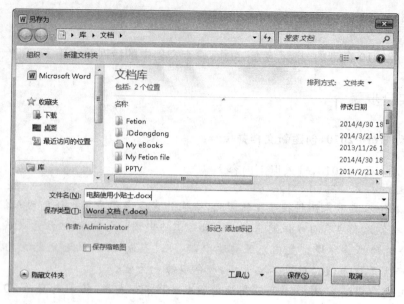

图 3.1 "另存为"对话框

症状"。

选中第一段第一句话:"电脑在给人类带来高科技享受的同时,给操作者带来的危害也逐渐为人们所重视",按 Delete 键将其删除。

3) 插入特殊符号

将光标定位在标题"百度百科"的"百"字前,单击 Windows 任务栏的输入法的软键盘图标(▨),打开"符号"菜单,如图 3.2 所示;选择"8 标点符号"选项,打开如图 3.3 所示的软键盘,单击【符号按钮,即可在"百"字前输入特殊符号。光标定位在"科"字后面,用相同的操作方法,插入特殊符号】,添加特殊符号成为【百度百科】。

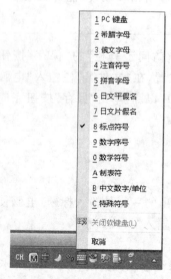

图 3.2 "符号"菜单

图 3.3 软键盘

光标定位在第一段的开始位置,单击"插入"功能区→"符号"组→"其他符号"命令,打开"符号"对话框,如图 3.4 所示;在对话框的"符号"选项卡的"字体"栏中选择 Wingdings 选项,在下面的窗格中选择符号⬜,最后单击"插入"按钮即可。

图 3.4 "符号"对话框

4)查找和替换

将文中所有"电脑"替换为"计算机",并设字体颜色为"红色"、字形为"加粗"。

(1)在文章起始位置定位插入点,单击"开始"功能区→"编辑"组→"替换"命令,打开"查找和替换"对话框,在"替换"选项卡中单击"更多"按钮,展开更多的功能选项,如图 3.5 所示。

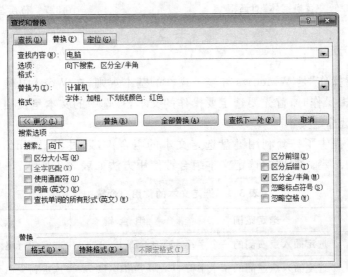

图 3.5 "查找和替换"对话框

(2)在"查找内容"文本框中输入查找内容"电脑",在"替换为"文本框中输入要替换的内容"计算机",然后单击"格式"按钮中的"字体"选项,打开"替换字体"对话框,如图 3.6

所示。

（3）在"字形"列表框中选择"加粗"，在"字体颜色"下拉列表框中选择"红色"，预览框中会显示字符的效果，单击"确定"按钮确认操作并关闭对话框。

（4）回到图 3.5，单击"全部替换"按钮，Word 2010 就会自动将文中所有查找的内容全部替换，并提示已替换总数，如图 3.7 所示。也可单击"查找和替换"对话框中的"查找下一处"按钮，符合替换的文字会反白显示，然后单击"替换"按钮，Word 2010 会将内容逐一替换。替换完毕之后，单击"关闭"按钮。

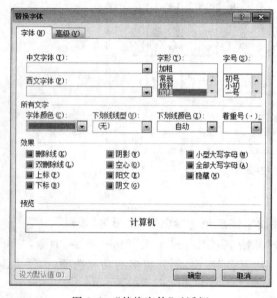

图 3.6 "替换字体"对话框

图 3.7 替换总数

3. 文本的选定

"先选定，后操作"是 Windows 环境下操作的基本规则，在 Word 中对文本进行移动、复制、删除等编辑操作时，首先要选定要操作的文本，被选中的文本呈反白显示。

1）使用键盘选定文本

Word 2010 提供了一套利用键盘选定文本的组合键，通过 Ctrl、Shift 和方向键可以任意进行文本的选定。常用的选定文本组合键使用方法如表 3.1 所示。

表 3.1 选定文本的常用组合键

组 合 键	选定范围	组 合 键	选定范围
Shift＋→	选定插入点右侧的一个字符	Shift＋End	选定到行尾
Shift＋←	选定插入点左侧的一个字符	Ctrl＋Shift＋Home	选定到文档开头
Shift＋↑	选定到上一行	Ctrl＋Shift－＋End	选定到文档结尾
Shift＋↓	选定到下一行	Ctrl＋A	选定整篇文档
Shift＋Home	选定到行首		

2) 使用鼠标选定文本

选定指定文本只需按住鼠标左键拖过想要选定的文本即可。若要选择其他范围的文本内容可使用以下方法，如表 3.2 所示。

表 3.2　选定文本的常用技巧

选取范围	鼠标操作
字/词	双击要选定的字/词
句子	按住 Ctrl 键，单击该句子
行	单击该行的选定区
段落	双击该行的选定区，或在该段落的任何地方三击鼠标
垂直矩形文本	按住 Alt 键，同时拖动鼠标
一大块文字	单击所选内容的开始，然后按住 Shift 键，单击所选内容的结尾
全部内容	三击选定区
不连续的文本	按住 Ctrl 键，再选定不同的文本区域

选定不连续的文本如图 3.8 所示，选定垂直矩形文本如图 3.9 所示。

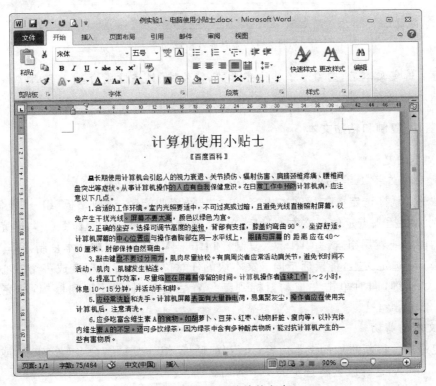

图 3.8　选定不连续的文本

3) 取消选定

在文档的任意位置单击，或按任意一个方向键，就可以取消对文本的选定。

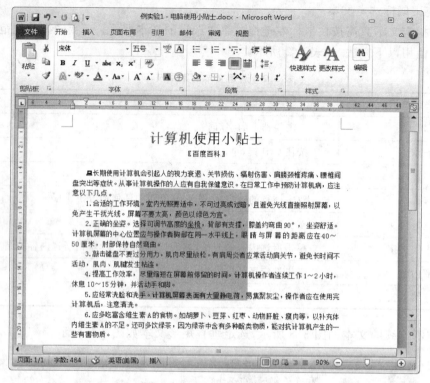

图 3.9　选定垂直矩形文本

提示：选定文本后，若输入了其他字母键、符号键、数字键或输入汉字，则选定的文本就会被输入的内容替换。

4. 剪切、复制和粘贴文本

1）文本的复制

把第二段文字"1.合适的工作环境……"复制到文本的最后。

方法一：鼠标选定第二段文本内容，单击"开始"功能区→"剪贴板"组→"复制"命令（📋复制），将插入点定位到文本的最后，单击"剪贴板"组→"粘贴"命令（📋），即完成文本的复制功能。或者用组合键 Ctrl＋C（复制）和 Ctrl＋V（粘贴）完成文本复制操作。

方法二：选定文本，将鼠标指向该文本块的任意位置，鼠标光标变成一个空心白色箭头，按住 Ctrl 键，同时单击并拖动鼠标到新位置后再松开 Ctrl 键和鼠标，即完成复制功能。

2）文本的剪切

选定最后一段新添加的文本内容，执行"剪贴板"组→"剪贴"命令（✂剪切），或者使用组合键 Ctrl＋X，这样就会将选定的文字剪切。

在复制和剪切时，系统会自动将选定文字存放至剪贴板上，剪贴板上的内容可以多次使用。

5. 另外保存文件并更名

单击"文件"选项卡→"另存为"命令,打开"另存为"对话框,如图 3.10 所示。在对话框中选择保存的位置,在"文件名"栏输入"预防电脑对人体的伤害",保存类型为默认,最后单击"保存"按钮。

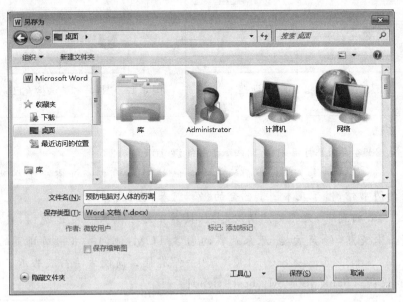

图 3.10 "另存为"对话框

6. 字数统计

光标定位在文档中的任意位置,单击"审阅"→"校对"组→"字数统计"按钮,打开"字数统计"对话框,如图 3.11 所示。显示详细信息: 页数、字数、字符数(不计空格)、段落数、行数等。

7. 拼写检查和语法

光标定位在文档中,单击"审阅"→"校对"组→"拼写与语法"按钮,打开"拼写和语法"对话框,如图 3.12 所示。在"易错词"栏中用红色显示错误的文字"坐椅",在"建议"栏中显示正确的文字"坐椅";核对无误后,单击右边的"更改"按钮,会弹出"拼写和语法检查已完成"对话框,如图 3.13 所示。此时,文档中错误的文字已经更改。

图 3.11 "字数统计"对话框

3.1.4 思考及操作

新建一个 Word 2010 文档,输入以下文字内容。

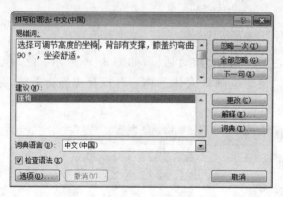

图 3.12　"拼写和语法"对话框　　　　图 3.13　"拼写和语法检查已完成"对话框

我的日记

今天是 2014 年 11 月 6 日星期四,室内气温 10℃～12℃。

早上 7 点🕐,我就起床了,外面的天气是晴转阴☁️。我离开家坐上公共汽车🚌,去了市区的图书馆,借了几本📖,巴金的《家》、《春》、《秋》。

晚上🕐,我回到家,天气突然阴沉起来,接着下起了雨🌧️。吃过晚饭,我给在美国的表姐写✉️,突然📱铃声响起,原来是我的同学 TOM,他问我书中第Ⅶ页的数学题,求"1×2＋2×4＋3×6＋4×8…＋100×200＝?"有什么简便方法? 我告诉了他。他很高兴,对我说:"Thank you! My best friend!"

3.2　【实验 3-2】　Word 文档的排版

3.2.1　实验目的

(1) 掌握字符格式的设置。

(2) 掌握段落格式的设置。

(3) 掌握分栏和首字下沉的设置。

(4) 掌握页眉和页脚的设置,添加项目符号。

(5) 掌握页面设置和打印文档。

3.2.2　实验内容

1. 对文档"糖尿病的防治.docx"进行字符排版,效果如图 3.14 所示

具体字符格式要求如下。

(1) 标题"糖尿病的防治"设置为黑体、三号、加粗、蓝色。字符缩放 150%,加宽 2 磅;正文设置为宋体、五号。

(2) 在"治"字后面加上上标 *,给标题"糖"字加上圈变为⑩。

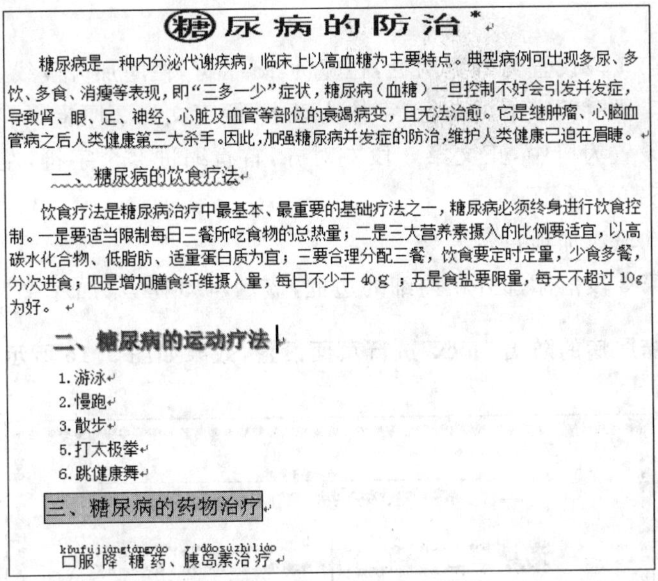

糖尿病的防治*

糖尿病是一种内分泌代谢疾病，临床上以高血糖为主要特点。典型病例可出现多尿、多饮、多食、消瘦等表现，即“三多一少”症状，糖尿病（血糖）一旦控制不好会引发并发症，导致肾、眼、足、神经、心脏及血管等部位的衰竭病变，且无法治愈。它是继肿瘤、心脑血管病之后人类健康第三大杀手。因此，加强糖尿病并发症的防治，维护人类健康已迫在眉睫。

一、糖尿病的饮食疗法

饮食疗法是糖尿病治疗中最基本、最重要的基础疗法之一，糖尿病必须终身进行饮食控制。一是要适当限制每日三餐所吃食物的总热量；二是三大营养素摄入的比例要适宜，以高碳水化合物、低脂肪、适量蛋白质为宜；三要合理分配三餐，饮食要定时定量，少食多餐，分次进食；四是增加膳食纤维摄入量，每日不少于 40g；五是食盐要限量，每天不超过 10g 为好。

二、糖尿病的运动疗法

1. 游泳
2. 慢跑
3. 散步
5. 打太极拳
6. 跳健康舞

三、糖尿病的药物治疗

口服降糖药、胰岛素治疗

图 3.14　文档“糖尿病的防治”的字符排版

(3) 正文第 1 段的“糖尿病”加着重符号。

(4) 正文第 2 段设置为四号、红色波浪线。

(5) 正文第 4 段设置为四号、红色轮廓、右下斜偏移阴影。

(6) 正文第 6 段设置为四号、添加字符底纹、字符边框。

(7) 为正文最后一段文字加上拼音，字号为 8 磅。

2. 对文档“糖尿病的防治.docx”进行段落排版，效果如图 3.15 所示

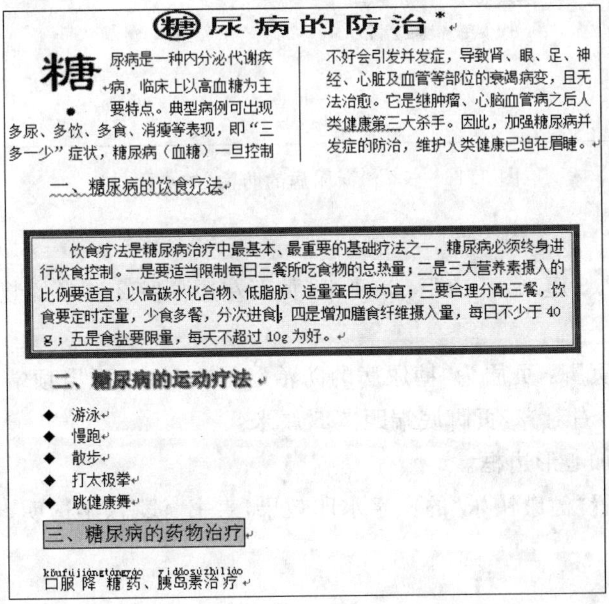

糖尿病的防治*

糖尿病是一种内分泌代谢疾病，临床上以高血糖为主要特点。典型病例可出现多尿、多饮、多食、消瘦等表现，即“三多一少”症状，糖尿病（血糖）一旦控制不好会引发并发症，导致肾、眼、足、神经、心脏及血管等部位的衰竭病变，且无法治愈。它是继肿瘤、心脑血管病之后人类健康第三大杀手。因此，加强糖尿病并发症的防治，维护人类健康已迫在眉睫。

一、糖尿病的饮食疗法

饮食疗法是糖尿病治疗中最基本、最重要的基础疗法之一，糖尿病必须终身进行饮食控制。一是要适当限制每日三餐所吃食物的总热量；二是三大营养素摄入的比例要适宜，以高碳水化合物、低脂肪、适量蛋白质为宜；三要合理分配三餐，饮食要定时定量，少食多餐，分次进食；四是增加膳食纤维摄入量，每日不少于 40 g；五是食盐要限量，每天不超过 10g 为好。

二、糖尿病的运动疗法

◆ 游泳
◆ 慢跑
◆ 散步
◆ 打太极拳
◆ 跳健康舞

三、糖尿病的药物治疗

口服降糖药、胰岛素治疗

图 3.15　文档“糖尿病的防治”的段落排版

具体要求如下。

（1）将正文第1段设置为等宽两栏，栏宽为18字符，栏间加分隔线。

（2）正文第1段"糖"字下沉2行，字体为隶书，距正文0.2厘米。

（3）将标题设置为居中，正文第3段左对齐，首行缩进2个字符，左右各缩进2个字符，段前间距1行，单倍行距。

（4）正文第5段添加项目符号◆。

（5）为正文第3段落添加外粗内细的边框，蓝色，4.5磅，添加底纹为"黄色"。

3. 对文档"糖尿病的防治.docx"进行页面设置，效果如图3.16所示

图3.16　文档"糖尿病的防治"的页面排版

具体要求如下。

（1）上边距：2.5厘米，下边距：3厘米，页面左边预留2厘米的装订线，纵向打印，纸张大小为A4。

（2）设置页眉页脚：页眉为"糖尿病的防治"，居中对齐、页眉顶端距离2厘米。页脚为"＊＊医药学院"，右对齐，页脚底端距离5厘米。

（3）为页面添加心形边框。

（4）为页面设置"健康快乐"的文字水印效果，隶书、浅蓝、半透明、斜式。

3.2.3　实验步骤

1．对文档"糖尿病的防治.docx"进行字符排版

操作步骤如下。

（1）选中"糖尿病的防治"标题，单击"开始"功能区→"字体"组，如图 3.17 所示；在"字体"下拉列表中选择"黑体"，"字号"为"三号"，"字形"为"加粗"，"颜色"为"蓝色"；在"段落"组中选择"中文版式"按钮（ ），在下拉列表中选择"字符缩放"→"150％"。打开"字体"对话框的"高级"标签，在"间距"中选择"加宽"，"磅值"设置为"2 磅"。

选中除标题以外的正文部分，选择"开始"功能区，单击"字体"组右下角的按钮，打开"字体"对话框，选择"中文字体"为"宋体"，"字号"为"五号"。"字体"对话框如图 3.18 所示。

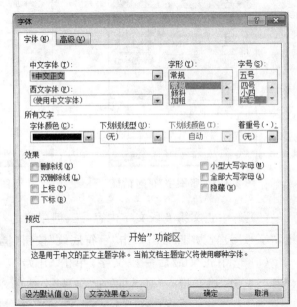

图 3.17　"字体"组　　　　　　　　　图 3.18　"字体"对话框

（2）将光标定位在"治"字后面，按 Shiftt＋8 组合键输入符号 ＊；选中 ＊ 符号，单击"开始"功能区→"字体"组→上标按钮（ $\mathbf{x^2}$ ），设置字符的上标效果。

选中标题的"糖"字，在"字体"组中单击"带圈字符"按钮，打开"带圈字符"对话框，在"圈号"中选择圆圈符号，在"样式"中选择"增大圈号"，单击"确定"按钮，如图 3.19 所示。

（3）选中正文中第 1 段"糖尿病"文字，单击"开始"功能区→"字体"组右下角的按钮，打开"字体"对话框，如图 3.18 所示；在"字体"选项卡"着重号"下拉列表框中选择"·"，单击"确定"按钮。

（4）选中正文第 2 段，选择"开始"功能区→"字体"组，"字号"设置为"四号"；打开"下划线"按钮（ $\mathbf{U}$ ▾ ）下拉列表选择"波浪线"和"红色"。

（5）选中正文第 4 段"二、糖尿病的运动疗法"，单击"开始"功能区→"字体"组，"字号"设置为"四号"；选择"文字效果"按钮（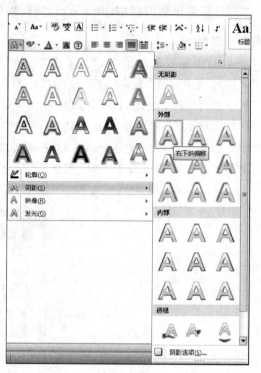），在下拉列表的"轮廓"菜单中选择"红色"，在"阴影"菜单中选择"外部"→"右下斜偏移"，如图 3.20 所示。

图 3.19 "带圈字符"对话框   图 3.20 "文字效果"下拉列表

（6）选中正文第 6 段文字内容"三、糖尿病的药物治疗"，单击"开始"功能区→"字体"组，"字号"设置为"四号"；单击"字符底纹"按钮（Ａ）和"字符边框"按钮（Ａ）。

（7）选中正文最后一段文字，单击"开始"功能区→"字体"组→"拼音指南"按钮（ﾏ），打开"拼音指南"对话框，在"字号"中选择 8 磅，单击"确定"按钮，如图 3.21 所示。

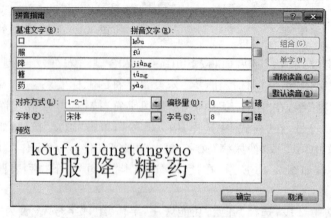

图 3.21 "拼音指南"对话框

2. 对文档"糖尿病的防治.docx"进行段落排版

操作步骤如下。

（1）选中正文第1段，单击"页面布局"功能区→"页面设置"组→"分栏"下拉列表→"更多分栏"，打开"分栏"对话框，设置栏数为2，勾选"分隔线"和"栏宽相等"复选框，设置宽度为"18字符"，单击"确定"按钮，如图3.22所示。

（2）选择正文第1段"糖"字，选择"插入"功能区→"文本"组→"首字下沉"按钮，在下拉列表中选择"首字下沉选项"，打开"首字下沉"对话框，设置位置"下沉"，字体为隶书，下沉行数为2，距正文为0.2厘米，单击"确定"按钮。"首字下沉"对话框如图3.23所示。

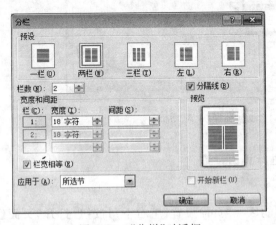

图3.22 "分栏"对话框

图3.23 "首字下沉"对话框

（3）选择标题"糖尿病的防治"，单击"开始"功能区→"段落"组→"居中"按钮（≡）。

选择正文第3段，单击"开始"功能区→"段落"组右下角按钮，打开"段落"对话框，如图3.24所示。在"缩进和间距"选项卡的常规中的"对齐方式"中选择"左对齐"，"缩进"中的"左侧"和"右侧"设置为"2字符"，"特殊格式"设置为"首行缩进"，"磅值"设置为"2字符"，"段前"设置为"1行"，"行距"设置为"单倍行距"，单击"确定"按钮。

（4）选中正文第5段，单击"开始"功能区→"段落"组→"项目符号"按钮（≡▼），在下拉列表中选择◆。

（5）选中正文第3段，单击"开始"功能区→"段落"组→"下框线"按钮（⊞▼），在下拉列表中选择"边框和底纹"命令，打开"边框和底纹"对话框，如图3.25所示。在"边框"选项卡的"设置"栏中单击"方框"，"样式"列表框选择外粗内细的

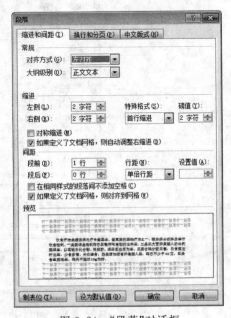

图3.24 "段落"对话框

线型▬▬，"颜色"设置为"蓝色"，"宽度"设置为"4.5磅"，在"应用于"选择"段落"；打开"底
纹"选项卡，"填充"设置为"黄色"，在"应用于"选择"段落"，最后单击"确定"按钮。

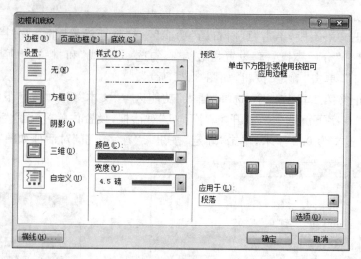

图 3.25 "边框和底纹"对话框

3. 对文档"糖尿病的防治.docx"进行页面设置

操作步骤如下。

（1）打开文档，单击"页面布局"功能区→"页面设置"组右下角按钮，打开"页面设置"
对话框，如图 3.26 所示。在"页边距"选项卡中，设置上页边距"上"为 2.5 厘米，"下"为

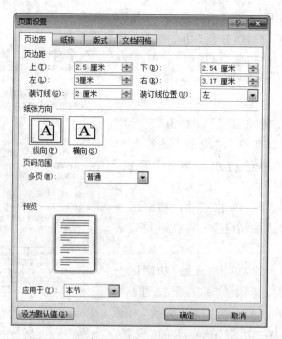

图 3.26 "页面设置"对话框

3 厘米,"装订线位置"为"左","装订线"为 2 厘米;"纸张方向"为"纵向";打开对话框的"纸张"选项卡,"纸张大小"设置为 A4,最后单击"确定"按钮。

(2) 单击"插入"功能区→"页眉和页脚"组→"页眉"下拉列表→"编辑页眉"按钮,进入页眉编辑状态,在页面最上方的页眉位置输入文字"糖尿病的防治",字号为"五号";打开"页眉和页脚工具-设计"功能区→"位置"组→"页眉顶端距离"设置为"2 厘米";在页面最下方的页脚位置输入文字"＊＊医药学院","位置"组的"页脚底端距离"设置为"5 厘米",最后单击"关闭页眉页脚"按钮退出编辑状态。

(3) 单击"页面布局"功能区→"页面背景"组→"页面边框"按钮,打开"边框和底纹"对话框,在"页面边框"选项卡的"艺术型"下拉列表中选择心形图案,"应用于"设置为"整篇文档",单击"确定"按钮,如图 3.27 所示。

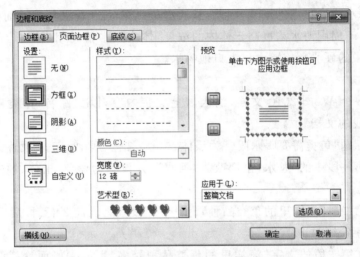

图 3.27 "边框和底纹"对话框

(4) 选择"页面布局"功能区→"页面背景"组→"水印"按钮→"自定义水印"选项,打开"水印"对话框,如图 3.28 所示。单击"文字水印"选项,"文字"栏输入"健康快乐","字体"设置为隶书,"颜色"设置为"浅蓝",选中"半透明"复选框和"斜式"单选按钮,最后单击"确定"按钮。

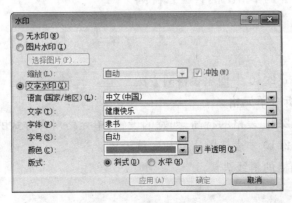

图 3.28 "水印"对话框

3.2.4　思考题

根据下列要求完成下段文本的编排。

鱼类需要喝水吗?

由于海水鱼类血液和体液的浓度高于周围的海水,水分就从外界经过鱼鳃半渗透性薄膜的表皮,不断地渗透到鱼体内,因此,海水鱼类不管体内是否需要水分,水总是不间断地渗透进去。所以海水鱼类不仅不需要喝水,而且还经常不断地将体内多余的水分排出去。

海洋里的鱼类品种繁多,不能一概而论。虽然海水浓度高,但很大部分软骨鱼体内血液里,含有比海水浓度更高的尿素,因此,和淡水鱼一样,也不需要喝水。而生活在海洋里的硬骨鱼,则由于周围海水浓度高于体内的浓度,体内失水情况相当严重,需要及时补充水分,因此,海中的硬骨鱼需要大口大口地喝水。

要求:

(1) 新建一个 Word 2010 文档,输入以上文字内容,以文件名"鱼类需要喝水吗?.docx"保存在"我的文档"中。

(2) 设置标题"鱼类需要喝水吗?"为黑体、二号、红色、居中。正文设置为宋体、小四。

(3) 正文第一段中的"海水"全部改为"河水",并设置为蓝色、楷体、倾斜、四号、加着重号。

(4) 正文第二段"海洋里的鱼类品种繁多……"设置为段前 2 行、段后 1 行、1.5 倍行距、首行缩进,字符缩放 150%。

(5) 为正文第二段的文字"海洋里的鱼类品种繁多,不能一概而论。"设置双线、1.5磅、红色边框,底纹填充色为黄色、25%红色图案样式。

(6) 设置页眉"鱼类需要喝水吗?",居中对齐;页脚文字为"水中生物"(不包括引号),右对齐,页脚底端距离 2 厘米。

3.3　【实验 3-3】　表格制作与编辑

3.3.1　实验目的

(1) 掌握在 Word 2010 中创建表格的方法。

(2) 学会合并、拆分单元格。

(3) 掌握 Word 2010 表格的行高、列宽的设置,单元格对齐方式的设置。

(4) 掌握 Word 2010 中表格的边框和底纹设置。

(5) 学会设置表格的斜线表头。

3.3.2　实验内容

1. 在文档中创建"糖尿病的检验报告单",如图 3.29 所示

第一人民医院检验报告单					
姓名：洪强	科室：内分泌		性别：男	年龄：55 岁	
检验项目	结果	提示	参考范围	单位	
葡萄糖（GLU）	9.18	↑	3.70～6.10	mmol/L	
甘油三酯（TG）	2.85	↑	0.52～1.70	mmol/L	
谷丙转氨酶（ALT）	75	↑	0～50	U/L	
谷草转氨酶（AST）	50		8～50	U/L	
检验日期：2014-5-20		检验者：张跃		审核者：李丽	

图 3.29　糖尿病的检验报告单

具体要求如下。

（1）标题文本为楷体、三号、加粗,表格外"姓名"和"检验日期"两行设置为宋体、五号、加粗。

（2）表格内文字为宋体、小四。

（3）表内第一行为黄色底纹,第二列结果中高于参考范围值的设置为红色底纹,10％样式图案。

2. 表格和文字间的转换

将如图 3.30 所示的文字内容转换成表格。

```
, 星期一, 星期二, 星期三, 星期四, 星期五
1-2 节, 诊断学, 外科学, 中医学, 医学影像学, 中医学
3-5 节, 中医学, 英语, 医患沟通, 诊断学, 麻醉学
6-7 节, 医学影像学, 英语, 诊断学见习, 体育, 医患沟通
8-9 节, 诊断学见习, 外科学, 影像学实验, 预防医学, 外科学
```

图 3.30　课程表

3. 表格计算和排序

在文档中创建一个学生期末成绩表,如图 3.31 所示。计算表格中每位同学的"总分"及每门课程的"平均分"（平均分保留 2 位小数）；对表格进行排序（不包括平均分行）：首先按总分降序排列,若总分相同,再按外科学成绩降序排列。

2014 级临本（1）班期末成绩表				
科目 姓名	临床医学概要	医学影像学	外科学	诊断学	总分
吉宇波	85	73	94	65	
李玉秀	93	88	81	73	
刘丽丽	68	84	75	90	
李琦	65	58	76	82	
平均分					

图 3.31　学生成绩表

3.3.3 实验步骤

1. 在文档中创建"糖尿病的检验报告单"

具体操作步骤如下。

1）插入表格

新建一个 Word 文档,单击"插入"功能区→"表格"组中的"表格"按钮→"插入表格"命令,打开如图 3.32 所示的"插入表格"对话框,"列数"设置为 5,"行数"设置为 5,单击"确定"按钮,在光标处插入一个 5 行 5 列的表格。

2）设置字符格式

在表格的单元格中输入相应的文字内容,单击"开始"功能区→"字体"组,设置表内文字的"字体"为"宋体","字号"为"小四"。在表格上方输入标题"第一人民医院检验报告单",设置为"楷体"、"三号"、"加粗",表格外其他文字设置为"宋体"、"五号"、"加粗"。

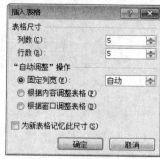

图 3.32 "插入表格"对话框

3）格式化表格

选择全部表格,单击"表格工具-设计"功能区→"绘图边框"组右下角按钮,打开"边框和底纹"对话框,在"边框"选项卡的"设置"中选择"无";再选中表格第一行,在"边框"选项卡的"预览"栏中选择"上边框"和"下边框";选择最后一行,设置为"下边框"。"边框和底纹"对话框如图 3.33 所示。

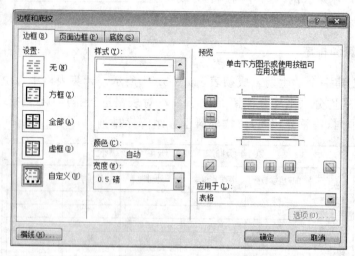

图 3.33 "边框和底纹"对话框

选中表格的第一行,打开"边框和底纹"对话框,选择"底纹"选项卡,在填充栏中选择"黄色",单击"确定"按钮,如图 3.34(a)所示。

选中表格内容为 9.18、2.85、75 的 3 个单元格,打开"边框和底纹"对话框的"底纹"选

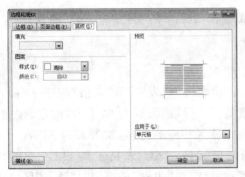

(a) 设置"黄色"底纹填充　　　　　(b) 设置"10%红色"底纹填充

图 3.34　"底纹"选项卡

项卡,在"填充"栏选择"红色","图案栏"的"样式"下拉列表中选择 10%,如图 3.34(b)所示,最后单击"确定"按钮。

2. 表格和文字间的转换

（1）新建一个文档"课程表.docx",内容如图 3.30 所示,将文字转换成表格,并自动套用表格样式(注意,","是英文状态下的逗号)。

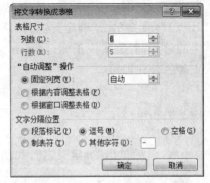

图 3.35　"将文字转换成表格"对话框

（2）选中文本内容,单击"插入"功能区→"表格"组→"表格"按钮,在下拉列表中选择"文本转换成表格"命令,打开"将文字转换成表格"对话框,如图 3.35 所示。在对话框中,设置"列数"为 6、"分隔字符位置"为"逗号",最后单击"确定"按钮,就实现了文本到表格的转换。转换结果如图 3.36 所示。

	星期一	星期二	星期三	星期四	星期五
1-2 节	诊断学	外科学	中医学	医学影像学	中医学
3-5 节	中医学	英语	医患沟通	诊断学	麻醉学
6-7 节	医学影像学	英语	诊断学见习	体育	医患沟通
8-9 节	诊断学见习	外科学	影像学实验	预防医学	外科学

图 3.36　文字转换成表格结果

（3）选中表格,单击"表格工具-设计"→"表格样式"组的"表格样式"窗格,在下拉列表中选择"列表型 2"样式,自动套用表格样式后的效果如图 3.37 所示。

	星期一	星期二	星期三	星期四	星期五
1-2 节	诊断学	外科学	中医学	医学影像学	中医学
3-5 节	中医学	英语	医患沟通	诊断学	麻醉学
6-7 节	医学影像学	英语	诊断学见习	体育	医患沟通
8-9 节	诊断学见习	外科学	影像学实验	预防医学	外科学

图 3.37　文字转换成表格效果图

3. 在 Word 2010 文档中创建学生期末成绩表,进行"平均分"和"总分"的计算,并进行排序

操作步骤如下。

(1) 创建表格。新建一个文档,单击"插入"功能区→"表格"组"表格"按钮→"插入表格"命令,打开"插入表格"对话框,"列数"设置为 6,"行数"设置为 6,单击"确定"按钮,即可在光标处插入一个 6 行 6 列的表格,在表格中输入相应的内容,如图 3.31 所示。

(2) 插入斜线表头。选中第一行第一列的单元格,单击"表格工具-设计"功能区→"绘图边框"组右下角按钮,打开"边框和底纹"对话框,在"边框"选项卡的"预览"区域内选择右下角斜线,单击"确定"按钮,添加斜线表头,并输入表头文字"科目"和"姓名"。

(3) 计算总分。计算总分就是求和,选择的函数是 SUM。光标定位在存放第 1 位学生总分的单元格内,单击"表格工具-布局"功能区→"数据"组→"公式"按钮(𝑓ₓ),打开"公式"对话框,如图 3.38 所示。在对话框的"公式"栏中,Word 自动列出的公式是"=SUM(LEFT)",直接单击"确定"按钮计算出第一位学生的总分。用同样的方法计算其他几位学生的总分,若公式不正确,则单击"粘贴函数",在下拉列表选择 SUM,在"公式"栏中输入正确的公式即可。

(4) 计算平均分。计算平均分的函数是 AVERAGE。单击最后一行每一列学生的平均分单元格,打开"公式"对话框,在"粘贴函数"下拉列表选择 AVERAGE,在"公式"栏中输入公式"=AVERAGE(ABOVE)",在"编号格式"栏选择 0.00,设置平均分保留 2 位小数,最后单击"确定"按钮,如图 3.39 所示。

图 3.38 在"公式"对话框中求总分   图 3.39 在"公式"对话框中求平均分

(5) 表格排序。选定表格前 5 行,单击"表格工具-布局"功能区→"数据"组→"排序"按钮,打开"排序"对话框,如图 3.40 所示。在"主要关键字"中选择"总分",在"次要关键字"中选择"外科学",选中"降序"单选按钮,最后单击"确定"按钮。

计算每个学生的总分、每门成绩的平均分和排序后,结果如图 3.41 所示。

3.3.4 思考题

Word 2010 中建立 9 行 8 列的学生成绩表,如图 3.42 所示。

按如下要求操作。

(1) 以文件名"学生成绩表.docx"保存 Word 文档。

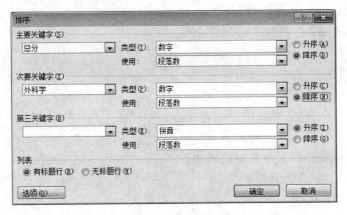

图 3.40　"排序"对话框

科目 姓名	临床医学概要	医学影像学	外科学	诊断学	总分
李玉秀	93	88	81	73	335
吉宇波	85	73	94	65	317
刘丽丽	68	84	75	90	317
李 琦	65	58	76	82	281
平均分	77.75	75.75	81.50	77.50	312.50

图 3.41　计算总分、平均分、排序后的表格

学号	姓名	生物 化学	大学 英语	计算机	病理 学	总分	名次
20140001	李 强	73	98	67	93		
20140002	王洪磊	89	89	87	97		
20140003	赵甜甜	69	87	88	93		
20140004	马跃文	95	87	78	90		
20140005	姚国丰	98	99	98	99		
20140006	蔡苹琼	89	99	97	79		
20140007	刘伟轩	98	89	78	88		
平均分							

图 3.42　学生成绩表

（2）表格第一行设置为黑体、四号、加粗、倾斜、浅蓝色底纹；第 2 行至第 8 行设置为楷体、小四、加粗；最后一行设置为黑体、四号、加粗、红色、黄色底纹。

（3）为成绩表添加"外粗内细"、"红色"、"3 磅"的外框线，"蓝色"、"1.5 磅"、"直线"的内框线。

（4）计算出表格中每个同学的总分及每门课程的平均分，然后将表格数据按总分降序排列，并给出相应的名次。

3.4 【实验3-4】 图形对象编辑

3.4.1 实验目的

（1）掌握图片文件、剪贴画的插入方法。
（2）掌握艺术字的插入方法。
（3）学会利用"图片"工具栏编辑图片。
（4）学会设置"背景效果"。
（5）掌握文本框的插入、边框和底纹的设置方法。

3.4.2 实验内容

（1）在文档"糖尿病的防治.docx"中插入一幅剪贴画、两张图片，并设置图片为"半映像"，如图3.43所示。

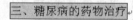

图3.43 在文档"糖尿病的防治"中插入图片

（2）制作一份"秋季健康知识"小报，如图3.44所示。

图 3.44　"秋季健康知识"小报

3.4.3　实验步骤

1. 在文档"糖尿病的防治.docx"中插入一幅剪贴画、两张图片，并设置图片为"半映像"，如图 3.43 所示

具体操作步骤如下。

1）插入剪贴图

光标定位在要插入图片的位置，单击"插入"功能区→"插图"组→"剪贴画"按钮，在屏幕的右侧出现"剪贴画"的任务窗格；单击窗格中的"搜索"按钮，在下面的搜索结果中选择一张"医生"的剪贴画并单击，即可把剪贴画插入到光标所在位置；选中"医生"剪贴画，打开"图片工具-格式"功能区→"排列"组→"位置"，在下拉列表中选择"文字环绕"→"顶端居左"，如图 3.45 所示。选中剪贴画，调整其位置和大小。

2）插入外部图片

光标定位在要插入图片的位置，单击"插入"功能区→"插图"组→"图片"按钮，打开"插入图片"对话框，选择事先准备好的蔬菜图片，最后按下"插入"按钮，即可在光标处插入外部图片；选择蔬菜图片，在"图片工具-格式"功能区→"排列"组→"自动换行"的下拉列表中选择"四周型环绕"的方式，并调整图片的位置和大小。

单击蔬菜图片，选择"图片工具-格式"功能区→"调整"→"艺

图 3.45　设置图片环绕
方式

术效果"下拉列表中选择"发光散射",如图 3.46 所示。

插入另一张运动的图片,调整大小和位置,设置"四周型环绕";在"图片工具-格式"功能区→"图片样式"→"图片效果"下拉列表中选择"映像"→"映像变体"→"全映像"选项,如图 3.47 所示。

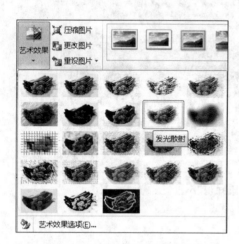

图 3.46　设置图片"艺术效果"

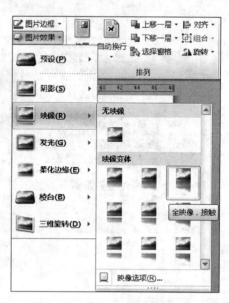

图 3.47　设置"映像"图片效果

2. 制作一份"秋季健康知识"小报

具体操作步骤如下。

1) 设置页面版式

单击"页面布局"功能区→"页面设置"组→"纸张方向"按钮,在下拉列表中选择"横向"。

2) 设计标题

单击"插入"功能区→"文本"组→"艺术字"按钮,在下拉列表中选择最后一排第 3 列的样式,如图 3.48 所示;在光标处插入艺术字文本框,输入文字"秋季健康知识",设置字体为"隶书",字号为 60。

选中艺术字,单击"绘图工具-格式"功能区→"艺术字样式"组→"文本效果"按钮,在下拉列表中选择"发光",在子菜单"发光变体"栏中选择第二排第二列的样式,如图 3.49 所示,标题"秋季健康知识"的艺术字效果设计完成。

3) 插入自选图形(形状)

(1) 绘制自选图形。单击"插入"功能区→"插图"组→"形状"按钮,在下拉列表中选择"星与旗帜"分类中的"前凸带形"按钮(🎗);此时,鼠标变成十字形,拖动鼠标在文档中画出"前凸带形"的形状;选中形状,四周会出现 8 个控点(▫),单击并拖动调整大小;选中的形状中间会出现黄色的菱形控点(◇),单击后移动可调整形状。

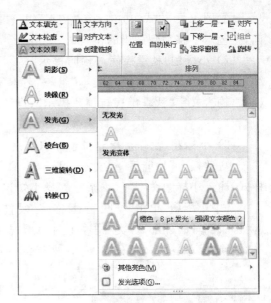

图 3.48　艺术字样式　　　　　　　图 3.49　设置"发光"文本效果

（2）设置形状的颜色。选中形状，单击"绘图工具-格式"功能区→"形状样式"组→"形状填充"按钮，选择"橙色"；"形状轮廓"为"绿色"。

（3）给形状增加文字。选中形状，右击，在快捷菜单中选择"添加文字"选项，在形状中增加相应的文字"秋令保健以养肺为主"。

（4）另一形状绘制方法同上。"形状"为"椭圆"；"形状填充"为"黄色"；"形状轮廓"为"浅绿"，并添加相应文字。

（5）组合形状。按住 Shift 键，单击点选两个形状，则形状全部全中；右击，在快捷菜单中选择"组合"→"组合"，完成形状的绘制。

4）文本框的绘制

（1）插入文本框。

单击"插入"功能区→"文本"组→"文本框"按钮，在下拉列表中选择"绘制文本框"选项，鼠标变为十字形，在文档中画出一个文本框；选中文本框，改变大小和位置，在文本框内部输入相应的文字内容。

（2）设置文本框。

选中文本框，单击"绘图工具-格式"功能区→"形状样式"组→"形状轮廓"→"无轮廓"按钮，去掉文本框的外边框。

注：其他文本框的绘制方式相同。"秋季茶疗养身小知识"文本框的"形状填充"为"绿色"、"形状轮廓"为"无轮廓"、"形状效果"为"阴影"→"外部"→"向右偏移"。

5）艺术字的设置

（1）小标题"秋季口干舌燥怎么办？"。

单击"插入"功能区→"文本"组→"艺术字"按钮，在下拉列表中选择第三排第一列的样式，输入文字"秋季口干舌燥怎么办？"，设置字体为"楷体"、字号为"小二"；选中艺术字，单击"绘图工具-格式"功能区→"文本"组→"文字方向"按钮→"垂直"选项,改变文字的方向;把艺术字移动到适当的位置。

（2）小标题"秋季疾病与预防提示"。

单击"插入"功能区→"文本"组→"艺术字"按钮,在下拉列表中选择第一排第二列的样式,输入文字"秋季疾病与预防提示",设置字体为"华文彩云"、字号为"二号"、"字形"为"加粗"。

（3）小标题"秋季茶疗养身小知识"。

单击"插入"功能区→"文本"组→"艺术字"按钮,在下拉列表中选择第四排第二列的样式,输入小标题文字"秋季茶疗养身小知识",设置为"黑体"、"四号"、"加粗"。

选中小标题,单击"绘图工具-格式"功能区→"艺术字样式"组→"文字效果"按钮→"阴影"菜单→"外部"分类→"左上对角透视"选项,如图 3.50 所示;单击"文字效果"按钮→"转换"菜单→"弯曲"分类→"双波形 2"选项,如图 3.51 所示。

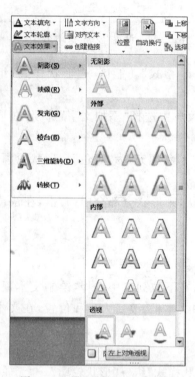

图 3.50 设置"阴影"文本效果

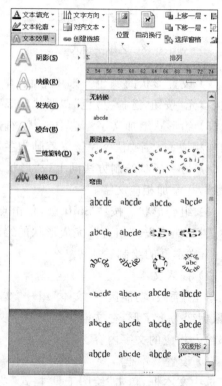

图 3.51 设置"转换"文本效果

6）插入图片

（1）插入图片。光标定位在要插入图片的位置,单击"插入"功能区→"插图"组→"图片"按钮,打开"插入图片"对话框,选择事先准备好的图片,单击"插入"按钮;选择图片,在"图片工具-格式"功能区→"排列"组→"位置"的下拉列表中选择一种"文字环绕"的方式,并调整图片的位置和大小。

（2）设置图片。对于有背景图案的图片,可单击"图片工具-格式"功能区→"调整"→

"删除背景"按钮,删除图片的背景。

设置图片的艺术效果。选中一张图片,在"图片工具-格式"功能区→"调整"→"艺术效果"下拉列表中选择一种样式。

7)设置背景颜色

单击"页面布局"功能区→"页面背景"组→"页面颜色"按钮→"填充效果"选项,打开"填充效果"对话框,如图 3.52 所示;在"渐变"选项卡的"颜色"栏中选择"双色",在右边的"颜色 2"中选择"橙色",在"底纹样式"栏中选择"水平",最后单击"确定"按钮。

图 3.52 "填充效果"对话框

图 3.53 制作一个光盘

3.4.4 思考及操作

找一张光盘,然后在 Word 2010 文档中制作光盘,如图 3.53 所示。

3.5 【实验 3-5】 插入公式

3.5.1 实验目的

(1)掌握在 Word 2010 中插入公式的方法。

(2)学会使用公式编辑器。

3.5.2 实验内容

在文档中插入如下公式:

$$y = \frac{5}{7} \sqrt[2]{x^2 + 2} + \sum_{i=1}^{n} y^2$$

3.5.3　实验步骤

在文档中插入公式。

1）打开"公式工具-设计"选项卡

打开 Word 2010 文档窗口，单击"插入"功能区→"符号"组→"公式"按钮，或者在"公式"按钮的下拉列表中选择"插入新公式"选项，则在光标处插入一个空白公式框（在此处输入公式。）。此时，Word 2010 会出现如图 3.54 所示的"公式工具-设计"功能区。

图 3.54　"公式工具-设计"选项卡

2）编辑公式

在空白公式框中，输入"y＝"；单击"公式工具-设计"功能区→"结构"组→"分数"按钮，在下拉列表中选择"分数（竖式）"选项，如图 3.55 所示。在公式框中出现分式符号（$\frac{\square}{\square}$），然后单击每个虚线框，依次输入相应的内容。

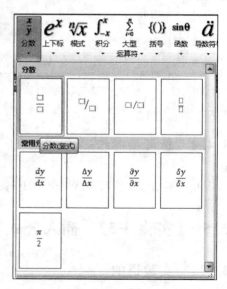

单击"结构"组选择"根式"按钮，在下拉列表中选择"二次平方根"，公式框出现根式符号（$\sqrt[\square]{\square}$），单击平方根符号内的虚线框输入 $x^2 + 2$；其中 x^2 的输入需要单击"结构"组→"上下标"按钮，选择"上标"符号（$\square^{\square}$），单击虚线框输入相应的数据。

单击 $x^2 + 2$ 的结尾处，注意此时光标应该位于根式外，输入＋；单击"结构"组→"大型运算符"按钮，在下拉列表中选择"求和"选项（$\sum_{\square}^{\square}$），在上、下、右的虚线框中分别输入 n、$i = 1$、y^2；其中 y^2 输入方式与 x^2 的输入方式相同。

（3）最后，在公式输入框外单击，结束公式输入。

图 3.55　"分数（竖式）"选项

3.5.4　思考及操作

在 Word 2010 文档中输入如下公式：

$$y = \frac{\alpha + \beta}{\sqrt{x}} \qquad \sum_{k=1}^{\infty} \frac{(-1)^{k-1}}{(2k-1)^2} \sin k$$

3.6　【实验3-6】　高级排版技巧

3.6.1　实验目的

(1) 掌握样式的使用。
(2) 掌握自动生成目录的方法。
(3) 掌握不同格式页码的设置方法。

3.6.2　实验内容

毕业设计论文的排版。请按照如下要求设置毕业论文的格式。

(1) 页面设置：上、下边距为 2.5 厘米，左边距为 3 厘米，装订线为左侧 0.5 厘米，纸张为 A4，行距为 1.25 倍。

(2) 使用样式设置：一级标题为三号、黑体、加粗、居中；二级标题为四号、黑体、加粗、居左、首行缩进 2 个字符；三级标题为小四、黑体、加粗、居左、首行缩进 2 个字符；正文为小四、宋体、两端对齐、首行缩进。西方文字符用 Times New Roman 字体。

(3) 自动生成目录。

(4) 页码：封面、中英文摘页不排页码；目录页码单独编排，设置为页脚、居中显示（Ⅰ、Ⅱ、Ⅲ）；正文页码设置为页脚，居中显示（1、2、3）。

(5) 页眉设置：要求除封面页，从摘要开始将其他页的页眉设置为"本科毕业设计（论文）"。

3.6.3　实验步骤

根据以上要求对论文进行排版，其操作步骤如下。

1. 页面设置

单击"页面布局"功能区→"页面设置"组右下角按钮，打开"页面设置"对话框，如图 3.56 所示，设置上、下页边距为"2.5 厘米"，装订线边距为"0.5 厘米"，装订线位置为"左"，纸张大小为 A4。单击"开始"功能区→"段落"组右下角按钮，打开如图 3.57 所示的"段落"对话框，在"行距"栏选择"1.5 倍行距"。

2. 设置各级标题样式

在新建的文档中，Word 2010 提供了固定的内置样式，包括标题 1、标题 2、标题 3 和正文等，实际应用中，可以在此基础上按照要求对它们进行适当的修改。下面以标题 1 为例介绍操作步骤，其他样式的操作方法相同。

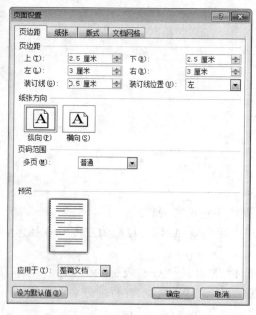
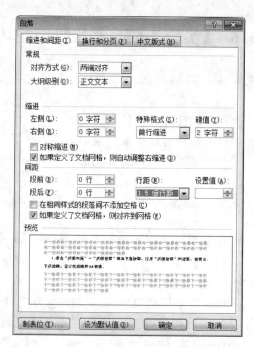

图 3.56 "页面设置"对话框   图 3.57 "段落"对话框

单击"开始"功能区→"样式"组右下角的对话框启动器,如图 3.58 所示,打开"样式"窗口(见图 3.59),在样式窗口下方单击"管理样式"按钮(),打开如图 3.60 所示的"管理样式"对话框。

图 3.58 显示样式 窗口

在"管理样式"对话框的"编辑"选项卡中选择要编辑的样式"标题 1",单击"修改"按钮,打开"修改样式"对话框,如图 3.61 所示。设置"黑体"、"三号"、"加粗"、"居中",最后单击"确定"按钮完成一级标题的设置。

按以上操作步骤依次进行二级标题、三级标题和正文的样式设置。选择论文中各级标题和正文内容,单击"开始"功能区→"样式窗口"(见图 3.58)里相应的样式即可设置不同的文本格式。

3. 自动生成目录

当论文中的所有内容都输入完成,每章的各级标题及正文都符合要求时,则可以进行自动生成目录了。由于要求目录页的页码格式和正文的页码格式不一样,因此,目录页和正文页要设置在两个不同的小节中,操作如下。

图 3.59 样式窗口

图 3.60 "管理样式"对话框

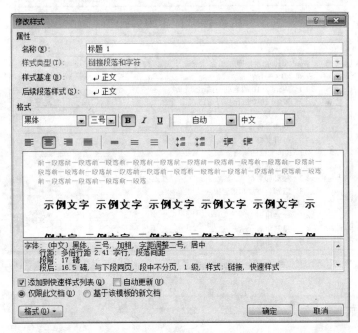

图 3.61 "修改样式"对话框

（1）定位：将插入点移动到文档的首页首行前，即第一章的标题文字前，如"第 1 章绪论"。

（2）分节：单击"页面布局"功能区→"页面设置"组→"分隔符"下拉列表→"下一页"，此时文档被分为两节（插入点所在的空白页是第 1 节，从第 1 章到文档的最后为

第2节）。

（3）生成目录：将插入点定位到文档的首行首页，单击"引用"→"目录"组→"目录"
按钮→"插入目录"命令，打开如图3.62所示的"目录"对话框。在对话框的"目录"选项卡
中会显示论文所使用的标题样式级别，本文中"显示级别"为3，单击"确定"按钮在光标处
生成如图3.63所示的目录。

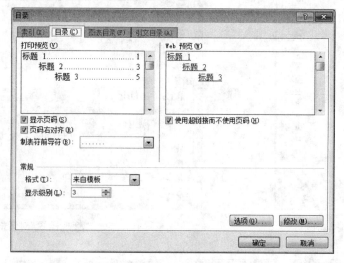

图3.62 "目录"对话框

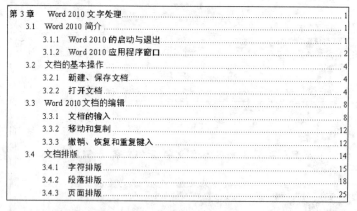

图3.63 生成目录

4. 插入页码

1）插入页码

单击"插入"功能区→"页眉和页脚"组→"页码"按钮→"页面底端"→"普通数字1"选
项，在页面底端插入页码；单击"开始"功能区→"段落"组→"居中"按钮（≡），设置页码居
中显示。最后单击"页眉和页脚工具-设计"功能区→"关闭页眉页脚"按钮回到正文编辑
状态。

2）修改正文的首页页码

生成目录后，正文的页码不是从第 1 页开始，需要进行修改。光标定位在正文首页，单击"插入"功能区→"页眉和页脚"组→"页码"按钮→"设置页码格式"按钮，打开如图 3.64 所示的"页码格式"对话框。在"页码编号"栏选择"起始页码"单选按钮，列表框中显示为 1，单击"确定"按钮。此时，论文正文首页从第 1 页开始。

3）更新目录中的页码

选中目录，右击，在快捷菜单中选择"更新域"命令，打开如图 3.65 所示的"更新目录"对话框，选择"只更新页码"或"更新整个目录"，进行目录的页码更新。

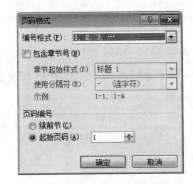

图 3.64 "页面格式"对话框

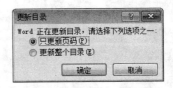

图 3.65 "更新目录"对话框

4）封面、摘要页码设置

在目录页前增加两小节（方法同前），存放封面页及中英文摘要页。此时，论文一共有 4 节：封面、摘要、目录、正文。

5）目录页码的设置（Ⅰ，Ⅱ，Ⅲ，…）

双击目录页的页码，进入"页眉和页脚工具-设计"功能区，如图 3.66 所示。单击"导航"组中的"链接到前一条页眉"按钮，使本节与前一节要开，修改本节页码。

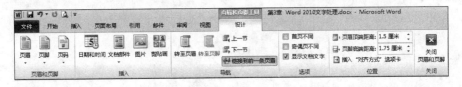

图 3.66 "页眉和页脚工具-设计"功能区

单击"页眉和页脚"组的"页码"按钮，选择"设置页码格式"命令，打开"页码格式"对话框，如图 3.67 所示。在"编号格式"下拉列表中选择"Ⅰ，Ⅱ，Ⅲ，…"，在"页码编号"栏选择"起始页码"单选按钮，单击"确定"按钮。

最后，光标定位到封面页和摘要页，删除页码，使封面页和摘要页的页码为空白。

5. 页眉设置

光标定位在摘要页（文档第 2 页），单击"插入"功能区→"页眉和页脚"组→"页眉"按钮→"空白"选项；单击"页眉和页脚工具-设计"功能区→"导航"组→"链接到前一条页眉"

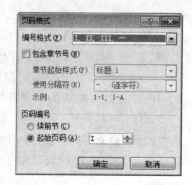

图 3.67 "页码格式"对话框

按钮,使第 2 节之后的页眉设置与第 1 节(封面)的页眉设置分开,然后在第 2 节的页眉区
输入"本科毕业设计(论文)"。最后单击"关闭页眉和页脚"按钮,退出页眉和页脚编辑
状态。

第4章 电子表格软件 Excel 2010

4.1 【实验 4-1】 Excel 2010 工作表的建立

4.1.1 实验目的

(1) 熟悉 Excel 2010 的工作环境。
(2) 掌握 Excel 2010 工作表的基本操作。
(3) 掌握工作表中数据的输入。
(4) 掌握数据的编辑修改。
(5) 掌握数据的移动、复制和选择性粘贴。
(6) 掌握单元格区域的插入和删除。

4.1.2 实验内容

建立临床专业 4 个班级各自的学生成绩表,完成数据的输入。

4.1.3 实验步骤

1. 在 Excel 2010 中新建一个空白工作簿,文件名为"临床学生成绩表. xlsx",保存在文件夹"实验 4"中

(1) 在计算机 D 盘新建一个文件夹,命名为"实验 4"。双击"实验 4",打开并进入文件夹。

(2) 右击空白的窗口工作区,在弹出的快捷菜单中选择"新建"命令,在下级子菜单中单击"Microsoft Excel 工作表"选项,如图 4.1 所示,即可建立 Excel 文件。

(3) 此时新建文件的主文件名被高亮选中,用户直接修改为"临床学生成绩表"即可,如图 4.2 所示。

注意:不要删除文件的扩展名(xlsx)。

2. 将工作簿中默认的 Sheet1、Sheet2、Sheet3 工作表分别重命名为"临本 1 班"、"临本 2 班"、"临本 3 班"

具体有以下 3 种操作方法。
(1) 双击需要重命名的工作表标签,工作表标签变成黑底,输入新的工作表名即可。
(2) 右击需要重命名的工作表标签,在弹出的快捷菜单中选择"重命名"选项,此时工

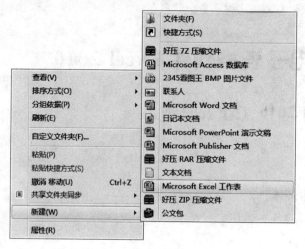

图 4.1　右击新建 Excel 文件 　　　　　　　图 4.2　文件命名

作表标签变成黑底,输入新的工作表名即可。

（3）选择需要重命名的工作表标签,然后执行经典菜单中的"格式"菜单中的"工作表"命令,在下一级菜单中选择"重命名"选项,此时工作表标签变成黑底,输入新的工作表名即可。

3. 在"临本 1 班"工作表中第一行单元格依次输入学号、姓名和各门功课名称,如图 4.3 所示

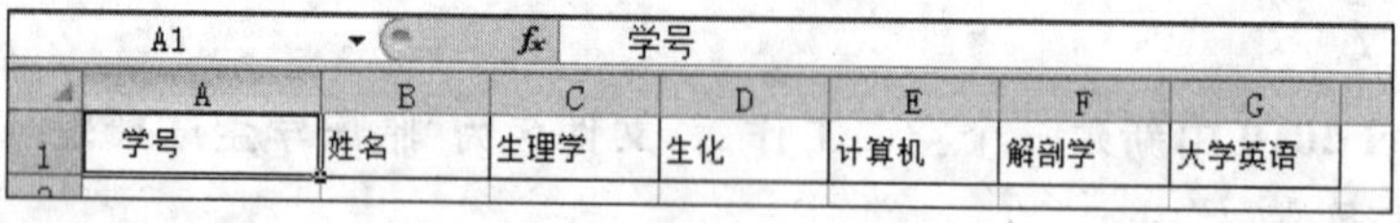

A1		f_x	学号			
A	B	C	D	E	F	G
1　学号	姓名	生理学	生化	计算机	解剖学	大学英语

图 4.3　单元格输入标题内容

操作步骤:略。

4. 将"临本 1 班"工作表中 A1:G1 中的内容复制到其他班级工作表相应的位置

（1）选中所选区域的第一个单元格 A1,按住鼠标左键沿着对角线从该单元格拖动到要选择区域的最后一个单元格 G1 即可选中工作表中 A1:G1 区域。

（2）单击"开始"选项卡→"剪贴板"分组→"复制"快捷按钮或者使用快捷键 Ctrl+C,将所选定的内容置于内存的剪贴板上。

（3）单击"临本 2 班"工作表标签,单击选中 A1 单元格,使用"粘贴"命令按钮或快捷键 Ctrl+V 实现从一个工作表的内容复制到另外一个。

（4）对"临本 3 班"工作表,重复（3）工作。

5. 增加一个工作表,并将其命名为"临本 4 班"

（1）右击"临本 3 班"工作表标签,在弹出的快捷菜单中选择"插入"命令,在弹出的"插入"对话框中选中图标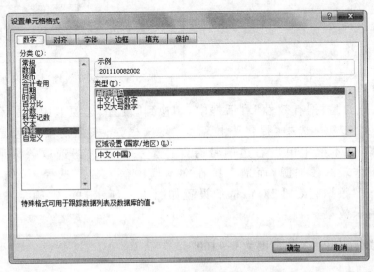，单击"确定"按钮，此时在选定的工作表前增加一个新的工作表。

（2）右击新添加的工作表的标签，在弹出的快捷菜单中选择"重命名"选项，此时工作表标签变成黑底，输入新的工作表名"临本 4 班"即可。

（3）移动"临本 4 班"工作表。鼠标指针指向要移动的工作表标签，按住鼠标左键沿标签向右拖动工作表标签，这时会出现黑色小箭头，当黑色小箭头指向要移动到的目标位置时，放开鼠标按键，完成移动工作表。

6．在"临本 1 班"工作表输入学号

（1）在 A2 单元格处直接输入 201110082002，此时，单元格显示的是科学计数法表示的数值，显然系统认为输入的是数字，如图 4.4 所示。处理办法有两种，一种是在内容前加单引号视为文本；另一种为修改单元格格式。由于学号的连续性，后继要采用自动填充完成其他学号的输入，这里选择修改单元格格式。

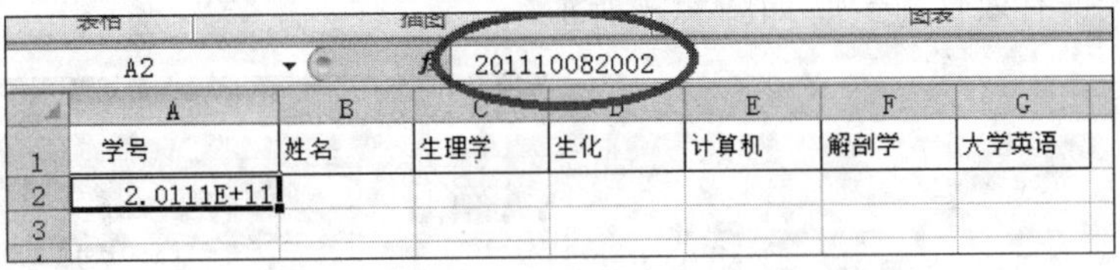

图 4.4　输入数值型文本数据的显示

（2）在 A3 单元格输入 201110082003。

（3）选中要设置格式的单元格区域 A2：A3，右击，在弹出的快捷菜单中选择"设置单元格格式"选项，弹出"设置单元格格式"对话框。在对话框的"数字"选项卡中选择分类列表框中的"特殊"选项，再在类型列表框中选择"邮政编码"，如图 4.5 所示。

图 4.5　"设置单元格格式"对话框

（4）自动填充其他连续的学号：首先选中单元格区域 A2：A3，将鼠标指针移到区域

的右下角,此时鼠标指针从空心十字变为实心十字形,然后拖曳至填充的最后一个单元格 A18 即可完成填充。

在工作表中输入其他的学生姓名。

7. 在姓名后面插入一列,标题为"性别"

(1) 选择姓名后一列 C 列任意一个单元格,单击"开始"选项卡"单元格"命令组的"插入"命令旁的下拉按钮,在弹出的菜单中选择"插入工作表列"即可插入 1 列,如图 4.6 所示。

(2) 在新插入的这列的第一行输入标题内容"性别"。

8. 设计"性别"列为可选的下拉列表样式,下拉列表中有"男"和"女"两个可选项

(1) 选择需要设置性别输入的区域 C2:C18。

(2) 切换到"数据"选项卡,在"数据工具"组中单击"数据有效性"按钮,从弹出的下拉菜单中选择"数据有效性"选项,如图 4.7 所示。

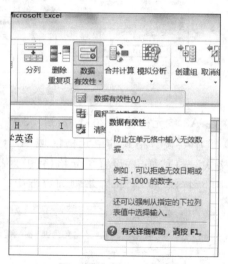

图 4.6　插入工作表列　　　　　　　　图 4.7　"数据有效性"操作步骤

(3) 在打开的"数据有效性"对话框中,切换到"设置"选项卡中,在"允许"下拉列表中选择"序列"选项,选中"提供下拉箭头"复选框,再根据需要设置是否"忽略空值"。在"来源"文本框中单击右边的带有红色箭头折叠按钮选取数据源,这里不采用手动选择工作表的数据源,而是直接在文本框中输入数据选择项,如"男,女"(使用英文逗号)。"数据有效性"对话框的设置如图 4.8 所示,单击"确定"按钮,即可看到如图 4.9 所示效果。

9. 限定成绩数据输入的范围为 0～100

(1) 选定要限定 0～100 输入的单元格区域 D2:H18。

(2) 执行"数据"选项卡下的"数据有效性"命令,将弹出如图 4.10 所示的"数据有效性"对话框。

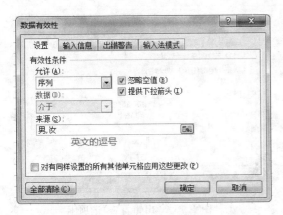

图 4.8 "数据有效性"对话框

图 4.9 "性别"下拉列表框

（3）选择"设置"选项卡，在此选项卡中指定所需的数据有效类型和其他条件，如图 4.11 所示设置。

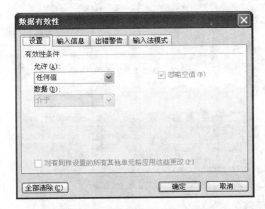

图 4.10 "数据有效性"对话框

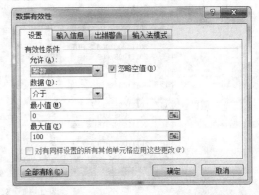

图 4.11 在"设置"选项卡中设置有效性条件

（4）若要单击具有有效性的单元格后显示一个提示信息，请选择"输入信息"选项卡，选中"选定单元格时显示输入信息"复选框，然后输入该信息的标题和正文，如图 4.12 所示。

（5）若在具有有效性的单元格中输入无效数据时，系统会弹出错误信息提示对话框，可以在"出错警告"选项卡中进行操作，如图 4.13 所示。

10. 在单元格中输入学生的各科成绩，并在第一个学生的名字上加上批注"班长"

（1）输入数据略。

（2）添加批注：选定要添加批注的单元格（如 B2）后，执行"插入"菜单中的"批注"命令，在弹出的批注框中输入批注文本"班长"，然后单击批注框外部的工作区域的任意单元格即可输入批注信息。完成后的效果如图 4.14 所示。

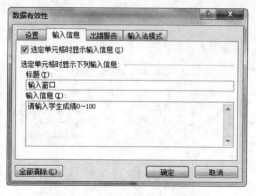

图 4.12 "输入信息"选项卡

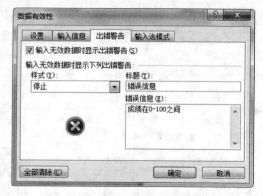

图 4.13 "出错警告"选项卡

	A	B	C	D	E	F	G	H
1	学号	姓名	性别	生理学	生化	计算机	解剖学	大学英语
2	201110082002	马晓君	男	85	72	80	67	69
3	201110082003	杨柳	女	86	68	72	72	79
4	201110082004	汪鑫	男	76	80	84	82	88
5	201110082005	杜应雄	男	89	82	80	74	70
6	201110082006	任振振	男	92	94	91	58	54
7	201110082007	邹家栋	男	98	96	92	80	90
8	201110082008	李苗苗	女	60	59	60	86	80
9	201110082009	张伟	男	90	82	88	76	80
10	201110082010	陈洪	男	71	74	70	89	82
11	201110082011	李超	男	65	58	54	92	94
12	201110082012	刘小旋	女	78	80	90	98	96
13	201110082013	乐正宇	男	89	86	80	60	59
14	201110082014	房宇	男	79	75	86	90	82
15	201110082015	宋向东	男	90	92	88	86	85
16	201110082016	蒋小涵	女	96	95	97	90	82
17	201110082017	张敏	女	69	74	79	71	74
18	201110082018	胡云飞	男	60	68	75	65	58

临本1班 | 临本2班 | 临本3班 | 临本4班

单元格 B2 批注者 User

图 4.14 添加批注效果

4.2 【实验 4-2】 公式和函数计算

4.2.1 实验目的

(1) 掌握公式和函数的使用。
(2) 重点掌握相对引用、绝对引用和混合引用。
(3) 重点掌握 SUM 函数、AVERAGE 函数和 MAX 函数使用。

4.2.2 实验内容

在实验 4-1 的临本 1 班的成绩表中,完成每个同学的总分、平均分、班级排名以及各个科目最高分的计算,效果如图 4.15 所示。

	A	B	C	D	E	F	G	H	I	J	K
1	学号	姓名	性别	生理学	生化	计算机	解剖学	大学英语	平均分	总分	排名
2	201110082002	马晓君	男	85	72	80	67	69	74.6	373	第13名
3	201110082003	杨柳	女	86	68	72	72	79	75.4	377	第11名
4	201110082004	汪鑫	男	76	80	84	82	88	82	410	第7名
5	201110082005	杜应雄	男	89	82	80	74	70	79	395	第8名
6	201110082006	任振振	男	92	94	91	58	54	77.8	389	第9名
7	201110082007	邹家栋	男	98	96	92	80	90	91.2	456	第2名
8	201110082008	李苗苗	女	60	59	60	86	80	69	345	第16名
9	201110082009	张伟	男	90	82	88	76	80	83.2	416	第5名
10	201110082010	陈洪	男	71	74	70	89	82	77.2	386	第10名
11	201110082011	李超	男	65	58	54	92	94	72.6	363	第15名
12	201110082012	刘小旋	女	78	80	90	98	96	88.4	442	第3名
13	201110082013	乐正宇	男	89	86	80	60	59	74.8	374	第12名
14	201110082014	房宇	男	79	75	86	90	82	82.4	412	第6名
15	201110082015	宋向东	男	90	92	88	86	85	88.2	441	第4名
16	201110082016	蒋小涵	女	96	95	97	90	82	92	460	第1名
17	201110082017	张敏	女	69	74	79	71	74	73.4	367	第14名
18	201110082018	胡云飞	男	60	68	75	65	58	65.2	326	第17名
19		科目最高分		98	96	97	98	96	92		

图 4.15　临本 1 班成绩表

4.2.3　实验步骤

1. 在 I1 单元格添加列标题为"平均分",完成所有同学平均分的计算

（1）在 I1 单元格中输入内容"平均分"。

（2）选定 I2 单元格,然后单击编辑栏"插入函数"按钮弹出"插入函数"对话框。"插入函数"按钮位置如图 4.16 所示。

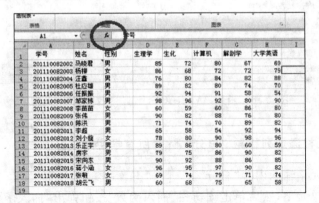

图 4.16　"插入函数"按钮位置

（3）在"插入函数"对话框选择平均分函数 AVERAGE,阅读窗口中的函数介绍了解函数的使用参数和功能,如图 4.17 所示。

（4）在弹出如图 4.18 所示的"函数参数"对话框的第一个参数框（Number1）中系统已经默认给出了求取平均值的区域 D2：H2,观察区域是否正确（或者单击参数框右侧的折叠对话框按钮，然后在工作表中通过鼠标选定的 D2：H2 区域,再单击折叠对话框按钮），确认无误单击"确定"按钮。此时在 I2 单元显示了求取平均值的结果。

（5）利用单元格的自动填充功能完成剩余同学的公式函数的复制。具体操作如下：选中 I2 单元格,首先将鼠标指针移到初始值所在单元格的右下角拖动填充柄,此时鼠标指针由空心十字变为实心十字形,然后拖曳至填充的此列最后一个单元格,即可完成自动填充。

图 4.17 "插入函数"对话框

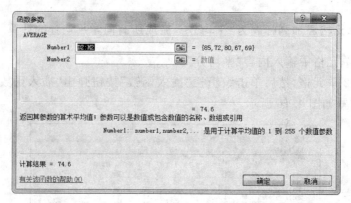

图 4.18 函数 AVERAGE 上的"函数参数"对话框

2. 在 J1 单元格添加列标题"总分",计算所有学生的总分

(1) 在 J1 单元格输入内容"总分"。

(2) 选定 J2 单元格,然后单击编辑栏"插入函数"按钮弹出"插入函数"对话框。

(3) 在"插入函数"对话框中选择求和函数 SUM,阅读窗口中的函数介绍了解函数的使用参数和功能,如图 4.19 所示。

(4) 在弹出如图 4.20 所示的"函数参数"对话框的第一个参数框(Number1)中系统已经默认给出了求和的区域 D2:I2。观察求和区域,它包含了单元格 I2。此单元格为求解的平均分而不是学生的成绩,因此要更正求和区域。

(5) 更正求和区域:直接修改区域为 D2:H2(或者单击参数框右侧的折叠对话框按钮 ，然后在工作表中通过鼠标选定 D2:H2 区域,再单击折叠对话框按钮 ，然后单击"确定"按钮),此时在"函数参数"对话框的下面显示了计算结果,最后单击"确定"按钮,此时在 J2 单元格显示了马晓君同学的总分成绩。

(6) 利用单元格的自动填充功能完成剩余同学的公式函数的复制。

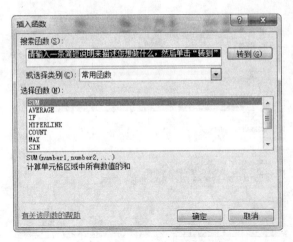

图 4.19 "插入函数"对话框

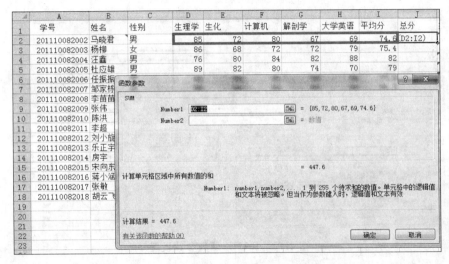

图 4.20 "函数参数"对话框中错误的求和区域

3. 单元格 K1 添加标题内容"排名",完成所有同学的成绩排名

(1) 在 K1 单元格输入内容"排名"。

(2) 选定 K2 单元格,然后单击编辑栏"插入函数"按钮弹出"插入函数"对话框。

(3) 在"插入函数"对话框上方的文本框输入 rank,单击"转到"按钮,在下方的列表中可以看到 Rank 函数,如图 4.21 所示。单击列表中的 RANK 函数,查看其参数和功能,最后单击"确定"按钮。

注意:Rank 的功能是返回数字 Number 在相对于区域 Ref 其他数值的大小排位,order 表为 1 数字,指明排位的方式,如果为 0 或省略,表示降序,如果不为 0 表示升序。例如,order 不为 0 其含义为倒数第几名。

(4) 在弹出的"函数参数"对话框中,按如图 4.22 所示的步骤分别设置 RANK 函数参数。

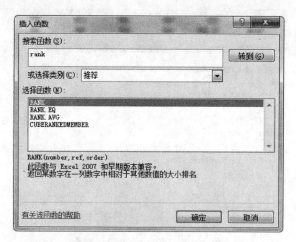

图 4.21 "插入函数"对话框中选择 RANK 函数

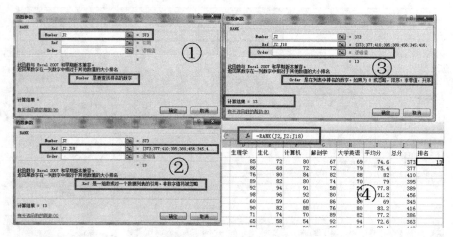

图 4.22 RANK 函数参数设置

(5) 利用单元格的自动填充功能完成剩余同学的公式函数的复制。

(6) 观察图 4.23,结果发现排名并不正确,最明显错误为最后 3 个学生的成绩 460、367 和 326 其年级排名都为第 1 名。单击 K16 单元格,在编辑栏中看到公式为"＝RANK (J16,J16：J32)",其含义为求取 J16 单元格的数字内容在 J16：J32 范围内数字排名。显然 J16：J32 范围的区域错误,应该为总分区域(J2:J18)。其原因是,公式复制时,区域单元格相对引用也发生变化。这里,在公式复制时,应该固定总分范围区域(J2：J18)的行号,因此将 J2：J18 区域改为混合引用 J＄2：J＄18。修改 K2 公式为"＝RANK(J2, J＄2：J＄18)",重新自动填充,正确排名结果如图 4.24 所示。

(7) 选中 K2 单元格在编辑栏内修改公式。

＝"第"＆RANK(J2,J＄2：J＄18)＆"名":公式含义为将排名结果与文字"第"字符和文字"名"字符连接在一起,组成新的字符"第 X 名"(注意,双引号为英文双引号),如图 4.25 所示。

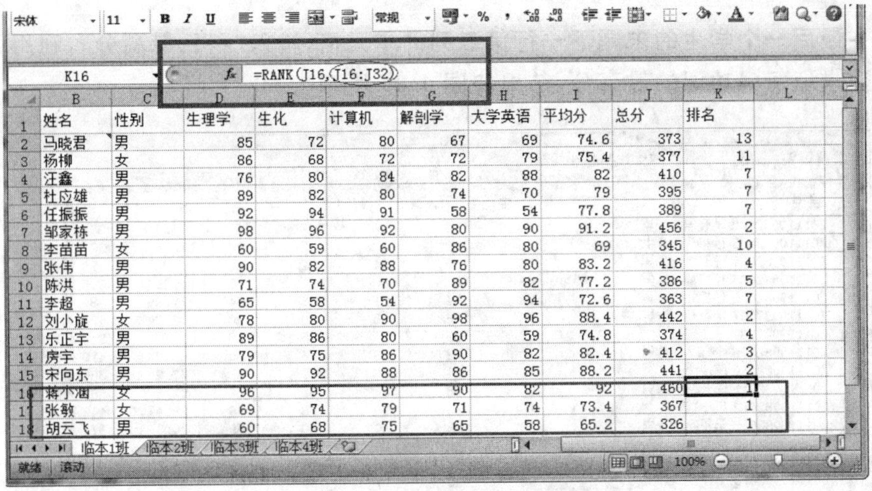

K16 =RANK(J16,J16:J32)

	姓名	性别	生理学	生化	计算机	解剖学	大学英语	平均分	总分	排名
2	马晓君	男	85	72	80	67	69	74.6	373	13
3	杨柳	女	86	68	72	72	79	75.4	377	11
4	汪鑫	男	76	80	84	82	88	82	410	7
5	杜应雄	男	89	82	80	74	70	79	395	7
6	任振振	男	92	94	91	58	54	77.8	389	7
7	邹家栋	男	98	96	92	80	90	91.2	456	2
8	李苗苗	女	60	59	60	86	80	69	345	10
9	张伟	男	90	82	88	76	80	83.2	416	4
10	陈洪	男	71	74	70	89	82	77.2	386	5
11	李超	男	65	58	54	92	94	72.6	363	7
12	刘小旋	女	78	80	90	98	96	88.4	442	2
13	乐正宇	男	89	86	80	60	59	74.8	374	4
14	房宇	男	79	75	86	90	82	82.4	412	3
15	宋向东	男	90	92	88	86	85	88.2	441	2
16	蒋小涵	女	96	95	97	90	82	92	460	1
17	张敏	女	69	74	79	71	74	73.4	367	1
18	胡云飞	男	60	68	75	65	58	65.2	326	1

图 4.23 RANK 函数参数错误原因分析图

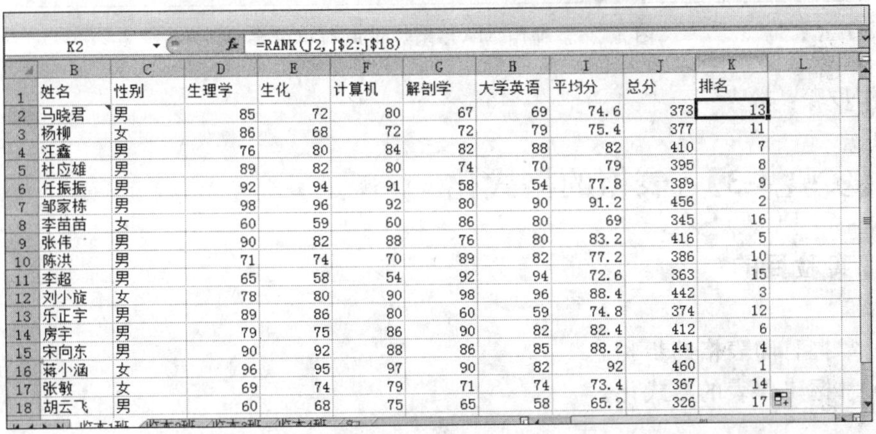

K2 =RANK(J2,J$2:J$18)

	姓名	性别	生理学	生化	计算机	解剖学	大学英语	平均分	总分	排名
2	马晓君	男	85	72	80	67	69	74.6	373	13
3	杨柳	女	86	68	72	72	79	75.4	377	11
4	汪鑫	男	76	80	84	82	88	82	410	7
5	杜应雄	男	89	82	80	74	70	79	395	8
6	任振振	男	92	94	91	58	54	77.8	389	9
7	邹家栋	男	98	96	92	80	90	91.2	456	2
8	李苗苗	女	60	59	60	86	80	69	345	16
9	张伟	男	90	82	88	76	80	83.2	416	5
10	陈洪	男	71	74	70	89	82	77.2	386	10
11	李超	男	65	58	54	92	94	72.6	363	15
12	刘小旋	女	78	80	90	98	96	88.4	442	3
13	乐正宇	男	89	86	80	60	59	74.8	374	12
14	房宇	男	79	75	86	90	82	82.4	412	6
15	宋向东	男	90	92	88	86	85	88.2	441	4
16	蒋小涵	女	96	95	97	90	82	92	460	1
17	张敏	女	69	74	79	71	74	73.4	367	14
18	胡云飞	男	60	68	75	65	58	65.2	326	17

图 4.24 利用 RANK 函数对学生简易排名效果图

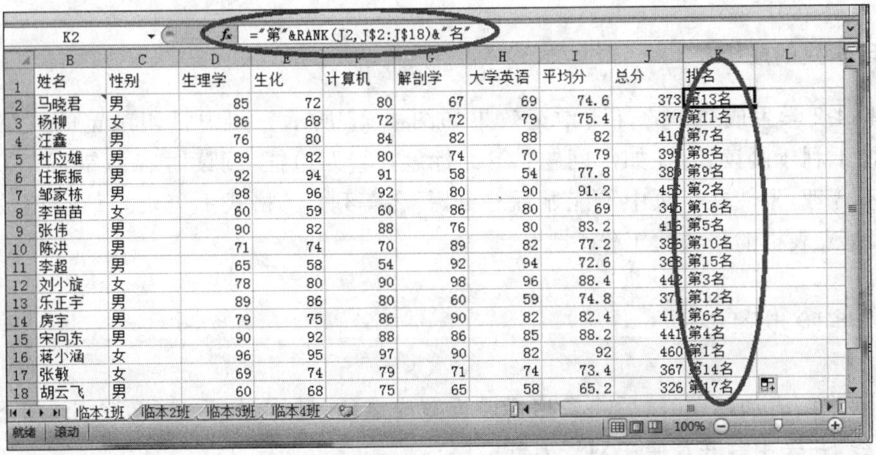

K2 ="第"&RANK(J2,J$2:J$18)&"名"

	姓名	性别	生理学	生化	计算机	解剖学	大学英语	平均分	总分	排名
2	马晓君	男	85	72	80	67	69	74.6	373	第13名
3	杨柳	女	86	68	72	72	79	75.4	377	第11名
4	汪鑫	男	76	80	84	82	88	82	410	第7名
5	杜应雄	男	89	82	80	74	70	79	395	第8名
6	任振振	男	92	94	91	58	54	77.8	389	第9名
7	邹家栋	男	98	96	92	80	90	91.2	456	第2名
8	李苗苗	女	60	59	60	86	80	69	345	第16名
9	张伟	男	90	82	88	76	80	83.2	416	第5名
10	陈洪	男	71	74	70	89	82	77.2	386	第10名
11	李超	男	65	58	54	92	94	72.6	363	第15名
12	刘小旋	女	78	80	90	98	96	88.4	442	第3名
13	乐正宇	男	89	86	80	60	59	74.8	374	第12名
14	房宇	男	79	75	86	90	82	82.4	412	第6名
15	宋向东	男	90	92	88	86	85	88.2	441	第4名
16	蒋小涵	女	96	95	97	90	82	92	460	第1名
17	张敏	女	69	74	79	71	74	73.4	367	第14名
18	胡云飞	男	60	68	75	65	58	65.2	326	第17名

图 4.25 利用 RANK 函数对学生排名最终效果图

4. 在最后一个学生的末尾下一行第三列的单元格,输入"科目最高分",利用 **MAX** 函数求取每门功课的最高分,结果如图 **4.26** 所示

图 4.26 利用 MAX 函数求取科目最高分

操作步骤:略。

4.3 【实验 4-3】 表格的格式化

4.3.1 实验目的

(1)掌握打印表格的步骤。
(2)掌握工作表的格式化。

4.3.2 实验内容

打印学生的成绩单

实验 4-2 学生成绩单的打印预览效果如图 4.27 所示。图中打印预览的成绩单没有任何修饰不利于阅读,存在如下问题:①无标题;②无边框,阅读时容易错行;③部分列的列宽不合理,致使在一页中不能显示总分、排名等列;④格式不美观。请利用教材的基础知识,完成表格的格式化工作。

4.3.3 实验步骤

1. 给成绩表加标题,然后将表格标题设置成蓝色、楷体、加粗、16 磅大小、加下划双线,并采用合并及居中对齐方式

操作步骤如下。

学号	姓名	性别	生理学	生化	计算机	解剖学	大学英语	平均分
20111008Z002	马艳君	男	85	72	80	67	69	74.6
20111008Z003	徐柳	女	86	68	72	72	79	75.4
20111008Z004	汪濛	男	76	80	84	82	88	82
20111008Z005	杜应雄	男	89	82	80	74	70	79
20111008Z006	任晓琪	男	92	94	91	68	64	77.8
20111008Z007	郭家豫	男	98	96	92	80	90	91.2
20111008Z008	享田雷	女	60	69	60	60	80	69
20111008Z009	张伟	男	79	82	88	76	80	80.2
20111008Z010	张庆	男	71	74	70	89	82	77.2
20111008Z011	李超	男	65	68	84	92	94	72.6
20111008Z012	刘小龙	女	78	80	90	98	96	88.4
20111008Z013	乐亚宇	男	89	86	80	60	59	74.8
20111008Z014	房宇	男	79	75	86	90	82	82.4
20111008Z015	寅雨东	男	90	92	88	86	85	88.2
20111008Z016	再小汤	女	96	96	97	90	82	92
20111008Z017	张敏	女	69	74	79	71	74	73.4
20111008Z018	胡云飞	男	60	68	78	68	68	68.2
	科目最高		98	96	97	98	96	92

图 4.27 实验 4-2 的打印预览效果图

（1）插入行：选择第一行任意单元格，单击"开始"选项卡"单元格"命令组的"插入"命令，选择其下拉菜单中的"插入工作表行"即可。

（2）在插入行的第一个单元格输入文字"临床 1 班成绩表"。

（3）修改标题格式。

方法一：在"开始"选项卡"字体"分组中直接设置。

方法二：选择标题所在单元格，在右击弹出的快捷菜单中选择"设置单元格格式"选项，弹出"设置单元格格式"对话框进行单元格格式化。"设置单元格格式"对话框设置结果如图 4.28 所示。

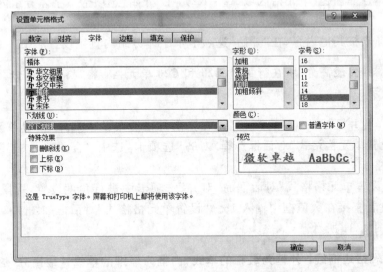

图 4.28 "设置单元格格式"对话框

（4）设置合并及居中对齐方式。

合并方法一：选择合并区域 A1：K1，单击"开始"选项卡中"对齐方式"命令组的"合并后居中"按钮 。

合并方法二：选择合并区域 A1：K1，右击，在弹出的快捷菜单中选择"设置单元格格式"选项。单击"设置单元格格式"对话框的"对齐"选项卡,选中"合并单元格"复选框,合并为一个单元格。如果需要将合并后的单元格内容居中显示,可在"水平对齐"和"垂直对齐"中选择"居中"项。"对齐"选项卡中的设置如图 4.29 所示。

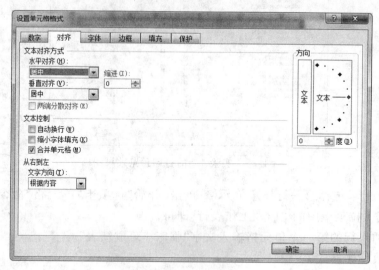

图 4.29 "对齐"选项卡

2. 将表格各栏标题设置成粗体和居中,再将表格中的其他内容居中

(1) 选择各栏标题(单元格区域 A2：K2),在"开始"选项卡下字体分组内直接设置粗体和居中。

(2) 选择表格其他内容,在"开始"选项卡下字体分组内直接设置居中。

3. 合并"科目最高分"所在行 A20、B20 和 C20 单元格,将"科目录高分"设置 15°角度显示

(1) 选择合并区域 A20：C20,右击,在弹出的快捷菜单中选择"设置单元格格式"选项。单击"设置单元格格式"对话框选择"对齐"选项卡,选中"合并单元格"复选框,合并为一个单元格。

(2) 在"设置单元格格式"对话框的"对齐"选项卡中进行角度设置,用鼠标拖动角度指针至 15°或者直接在数值框中输入 15。"设置单元格格式"对话框如图 4.30 所示,表格设置效果如图 4.31 所示。

4. 设置表格边框线：外框为最粗的单线,内框为最细的单线,"最高分"这行的上框线与各栏标题的下框线为双线

(1) 选择表格中 A2：K20 区域,右击,在弹出的快捷菜单中选择"设置单元格格式"选项。单击"设置单元格格式"对话框中的"边框"选项卡,如图 4.32 所示。

(2) 在"预置"区提供 3 个边框样式按钮,分别为无边框、外边框和内边框。选择线条样式为最粗的实线,单击"外边框"按钮,在下面预览区域中可以看到添加外框的效果;选

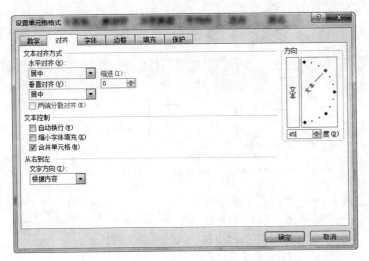

图 4.30　"设置单元格格式"对话框的"对齐"选项卡

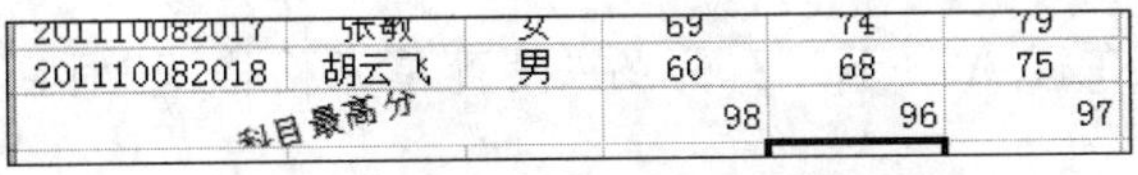

201110082017	张敏	女	69	74	79
201110082018	胡云飞	男	60	68	75
科目最高分			98	96	97

图 4.31　单元格合并和设置角度效果图

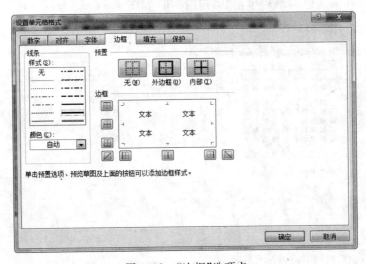

图 4.32　"边框"选项卡

择最细的实线,单击"内边框"按钮,在预览区域查看添加内边框的效果;单击"无"按钮,可以取消添加的边框的效果。

　　(3) 选中标题所在行 A2:K2 区域,单击"设置单元格格式"对话框中的"边框"选项卡,选择线条样式为"双线",单击预览区域旁"底部横线"设置按钮,即可在标题行下方添加双线,如图 4.33 所示。

　　(4) 添加单科最高分所在单元格区域上边框为双线,操作方法同上。

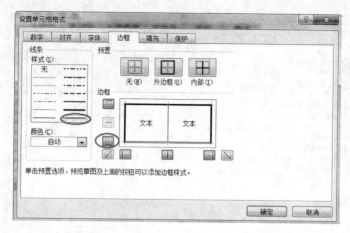

图4.33 在"边框"选项卡中设置双线效果

5. 为标题栏设置一种图案颜色,图案样式为"50％灰色"

(1) 选中标题所在行 A2：K2 区域,在"设置单元格格式"对话框中,单击"填充"选项卡。

(2) 在"填充"选项卡的"图案颜色"下拉列表中选择任意一种颜色,在"图案样式"下拉列表中选择"50％灰色",最后单击"确定"按钮,如图4.34 所示。

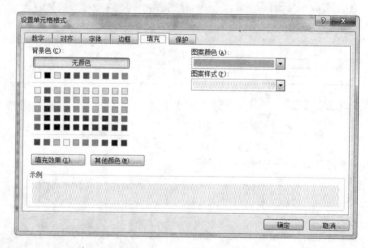

图4.34 "填充"选项卡

6. 将各列宽度设置为"最适合的列宽"

选中需要调整列宽的区域,单击"开始"选项卡内的"单元格"命令组的"格式"命令,选择"自动调整列宽"即可。

7. 将表格科目所在标题的行高设置为 25 磅,并将该栏的文字垂直居中

(1) 选定需要调整行高的区域,单击"开始"选项卡→"单元格"组→"格式"下拉列表→"行高"选项,打开"行高"对话框,输入行高为 25 磅。

（2）在"设置单元格格式"对话框的"对齐"选项卡中设置文字垂直居中。

8. 对各门功课成绩中不及格（<60）的成绩设置条件格式

（1）选择所有的学生成绩 D3：H19,单击"开始"选项卡→"条件格式"下拉菜单→"突出显示单元格规则"→"小于"选项,如图 4.35 所示。

打开如图 4.36 所示的"小于"对话框,输入 60,然后设置单元格显示样式,例如,让单元格以"浅红填充色深红色文本"显示,最后单击"确定"按钮。设置完成后,数据表中突出显示出各门功课不及格的成绩,如图 4.37所示。

图 4.35 "条件格式"下拉列表

图 4.36 "小于"对话框

H10			f_x	80						
A	B	C	D	E	F	G	H	I	J	K
					临本1班成绩表					
学号	姓名	性别	生理学	生化	计算机	解剖学	大学英语	平均分	总分	排名
201110082002	马晓君	男	85	72	80	67	69	74.6	373	第13名
201110082003	杨柳	女	86	68	72	72	79	75.4	377	第11名
201110082004	汪鑫	男	76	80	84	82	88	82	410	第7名
201110082005	杜应雄	男	89	82	80	74	70	79	395	第8名
201110082006	任振振	男	92	94	91	58	54	77.8	389	第9名
201110082007	邹家栋	男	98	96	92	80	90	91.2	456	第2名
201110082008	李苗苗	女	60	59	60	86	80	69	345	第16名
201110082009	张伟	男	90	82	88	76	80	83.2	416	第5名
201110082010	陈洪	男	71	74	70	89	82	77.2	386	第10名
201110082011	李超	男	65	58	54	92	94	72.6	363	第15名
201110082012	刘小旋	女	78	80	90	98	96	88.4	442	第3名
201110082013	乐正宇	男	89	86	80	60	59	74.8	374	第12名
201110082014	房宇	男	79	75	86	90	82	82.4	412	第6名
201110082015	宋向东	男	90	92	88	86	85	88.2	441	第4名
201110082016	蒋小涵	女	96	95	97	90	82	92	460	第1名
201110082017	张敏	女	69	74	79	71	74	73.4	367	第14名
201110082018	胡云飞	男	60	68	75	65	58	65.2	326	第17名
	科目最高分		98	96	97	98	96	92		

图 4.37 设置条件格式后的临本 1 班成绩表

4.4 【实验4-4】 数据图表操作

4.4.1 实验目的

(1) 掌握创建图表的方法。
(2) 掌握修改图表的方法。

4.4.2 实验内容

在实验4-3中的临本1班成绩表(见图4.38)中创建图表,利用图表进行比较分析。

	学号	姓名	性别	生理学	生化	计算机	解剖学	大学英语	平均分	总分	排名
1				临本1班成绩表							
2	学号	姓名	性别	生理学	生化	计算机	解剖学	大学英语	平均分	总分	排名
3	201110082002	马晓君	男	85	72	80	67	69	74.6	373	第13名
4	201110082003	杨柳	女	86	68	72	72	79	75.4	377	第11名
5	201110082004	汪鑫	男	76	80	84	82	88	82	410	第7名
6	201110082005	杜应雄	男	89	82	80	74	70	79	395	第8名
7	201110082006	任振振	男	92	94	91	58	54	77.8	389	第9名
8	201110082007	邹家栋	男	98	96	92	80	90	91.2	456	第2名
9	201110082008	李苗苗	女	60	59	60	86	80	69	345	第16名
10	201110082009	张伟	男	90	82	88	76	80	83.2	416	第5名
11	201110082010	陈洪	男	71	74	70	89	82	77.2	386	第10名
12	201110082011	李超	男	65	58	54	92	94	72.6	363	第15名
13	201110082012	刘小旋	女	78	80	90	98	96	88.4	442	第3名
14	201110082013	乐正宇	男	89	86	80	60	59	74.8	374	第12名
15	201110082014	房宇	男	79	75	86	90	82	82.4	412	第6名
16	201110082015	宋向东	男	90	92	88	86	85	88.2	441	第4名
17	201110082016	蒋小涵	女	96	95	97	90	82	92	460	第1名
18	201110082017	张敏	女	69	74	79	71	74	73.4	367	第14名
19	201110082018	胡云飞	男	60	68	75	65	58	65.2	326	第17名
20	科目最高分			98	96	97	98	96	92		

图4.38 临本1班成绩表

4.4.3 实验步骤

分析班级前三名同学各门功课成绩之间的差距。

(1) 选定不连续的范围:选择第一个区域后,按住 Ctrl 键不松开,再用鼠标选择其他区域,直到所需要的区域选取完为止,如图4.39所示。

操作注意事项:选定的区域不连续时,第二个区域应和第一个区域所在行或所在列应具有相同的矩形;若选定的区域有文字,则文字应在区域的最左列或最上行,作为说明图表中数据的含义。另一种方法可以先按总分进行排序,然后连续选择前三名同学成绩。

(2) 选择"插入"选项卡"图表"分组中的"柱形图"按钮,在弹出的窗口中选择"二维柱形图"的"簇状柱形图",产生的图表如图4.40所示。

(3) 在出现的"图表工具-设计"选项卡的"图表布局"分组中选择"布局2"按钮,即可修改图表的布局,如图4.41所示。

	学号	姓名	性别	生理学	生化	计算机	解剖学	大学英语	平均分	总分	排名
1				临本1班成绩表							
3	201110082002	马晓君	男	85	72	80	67	69	74.6	373	第13名
4	201110082003	杨柳	女	86	68	72	72	79	75.4	377	第11名
5	201110082004	汪鑫	男	76	80	84	82	88	82	410	第7名
6	201110082005	杜应雄	男	89	82	80	74	70	79	395	第8名
7	201110082006	任振振	男	92	94	91	58	54	77.8	389	第9名
8	201110082007	邹家栋	男	98	96	92	80	90	91.2	456	第2名
9	201110082008	李苗苗	女	60	59	60	86	80	69	345	第16名
10	201110082009	张伟	男	90	82	88	76	80	83.2	416	第5名
11	201110082010	陈洪	男	71	74	70	89	82	77.2	386	第10名
12	201110082011	李超	男	65	58	54	92	94	72.6	363	第15名
13	201110082012	刘小旋	女	78	80	90	98	96	88.4	442	第3名
14	201110082013	乐正宇	男	89	86	80	60	59	74.8	374	第12名
15	201110082014	房宇	男	79	75	86	90	82	82.4	412	第6名
16	201110082015	宋向东	男	90	92	88	86	85	88.2	441	第4名
17	201110082016	蒋小涵	女	96	95	97	90	82	92	460	第1名
18	201110082017	张敏	女	69	74	79	71	74	73.4	367	第14名
19	201110082018	胡云飞	男	60	68	75	65	58	65.2	326	第17名
20	科目最高分			98	96	97	98	96	92		

图 4.39　不连续选择总分前三名同学各门功课成绩

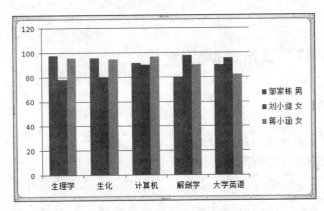

图 4.40　总分前三名同学各门功课成绩对比图（一）

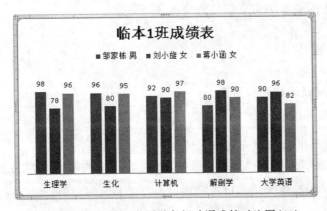

图 4.41　总分前三名同学各门功课成绩对比图（二）

　　（4）手动修改图表布局。选中要更改布局的图表，单击"布局"选项卡，用户可以在"标签"分组中设置"图表标题"、"坐标轴标题"、"图例"、"数据标签"、"模拟运算表"等布局方式。设置图表的效果如图 4.42 所示。

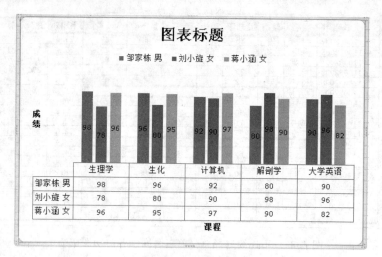

图 4.42　总分前三名同学各门功课成绩对比图（三）

4.5 【实验 4-5】 表格数据管理

4.5.1　实验目的

（1）掌握对数据清单进行排序的方法。
（2）掌握对数据清单进行筛选的方法。

4.5.2　实验内容

对实验 4-3 中的临本 1 班成绩按总分排序、筛选。

4.5.3　实验步骤

1. 临本 1 班成绩表按总分排序

1）简单排序
（1）选中待排序的总分所在列中的任意一个单元格。
（2）选择"数据"功能区→"排序与筛选"命令组，单击"降序排序"按钮 Z↓，可使数据清单内的所有数据以总分按降序进行排列。
2）复杂排序
（1）选定数据清单区域 A2：K2，选择"数据"功能区→"排序与筛选"组→"排序"命令，打开如图 4.43 所示的"排序"对话框。
（2）在"主要关键字"下拉列表框中选择"总分"，"次序"下拉列表中选中"降序"。单

图 4.43　"排序"对话框

击"添加条件"按钮可以增加条件。排序结果如图 4.44 所示。

	A	B	C	D	E	F	G	H	I	J	K
1					*临本1班成绩表*						
2	学号	姓名	性别	生理学	生化	计算机	解剖学	大学英语	平均分	总分	排名
3	201110082016	蒋小涵	女	96	95	97	90	82	92	460	第1名
4	201110082007	邹家栋	男	98	96	92	80	90	91.2	456	第2名
5	201110082012	刘小旋	女	78	80	90	98	96	88.4	442	第3名
6	201110082015	宋向东	男	90	92	88	86	85	88.2	441	第4名
7	201110082009	张伟	男	90	82	88	76	80	83.2	416	第5名
8	201110082014	房宇	男	79	75	86	90	82	82.4	412	第6名
9	201110082004	汪鑫	男	76	80	84	82	88	82	410	第8名
10	201110082005	杜应雄	男	89	82	80	74	70	79	395	第8名
11	201110082006	任振振	男	92	94	91	58	54	77.8	389	第9名
12	201110082010	陈洪	男	71	74	70	89	82	77.2	386	第10名
13	201110082003	杨柳	女	86	68	72	72	79	75.4	377	第11名
14	201110082013	乐正宇	男	89	86	80	60	59	74.8	374	第12名
15	201110082002	马晓君	男	85	72	80	67	69	74.6	373	第13名
16	201110082017	张敏	女	69	74	79	71	74	73.4	367	第14名
17	201110082011	李超	男	65	58	54	92	94	72.6	363	第15名
18	201110082008	李苗苗	女	60	59	60	86	80	69	345	第16名
19	201110082018	胡云飞	男	60	68	75	65	58	65.2	326	第17名
20	科目最高分			98	96	97	98	96	92		

图 4.44　按总分降序排序的成绩

思考：是否可以在"排名"所在列进行排序？

2. 快速筛选出临本 1 班成绩表中总分高于班级平均总分的女生的成绩记录

（1）选定数据清单区域 A2：K2，选择"数据"功能区→"排序与筛选"组→"筛选"命令，此时，工作表中数据清单的列标题全部变成下拉列表框，如图 4.45 所示。

（2）单击目标字段"性别"右侧的下拉按钮▼，在弹出的下拉列表中列出了多个筛选条件，选择性别为"女"的学生成绩，如图 4.46 所示。

（3）筛选出"总分"中"高于平均值"的数据。

单击"总分"下拉按钮▼，在下拉列表中选择"数字筛选"→"高于平均值"命令，即可实现筛选，如图 4.47 所示。

自动筛选结果如图 4.48 所示。

	临本1班成绩表									
	A	B	C	D	E	F	G	H	I	J	K
1	学号	姓名	性别	生理学	生化	计算机	解剖	大学英语	平均分	总分	排名
3	201110082016	蒋小涵	女	96	95	97	90	82	92	460	第1名
4	201110082007	邹家栋	男	98	96	92	80	90	91.2	456	第2名
5	201110082012	刘小旋	女	78	80	90	98	96	88.4	442	第3名
6	201110082015	宋向东	男	90	92	88	86	85	88.2	441	第4名
7	201110082009	张伟	男	90	82	88	76	80	83.2	416	第5名
8	201110082014	房宇	男	79	75	86	90	82	82.4	412	第6名
9	201110082004	汪鑫	男	76	80	84	82	88	82	410	第7名
10	201110082005	杜应雄	男	89	82	80	74	70	79	395	第8名
11	201110082006	任振振	男	92	94	91	58	54	77.8	389	第9名
12	201110082010	陈洪	男	71	74	70	89	82	77.2	386	第10名
13	201110082003	杨柳	女	86	68	72	72	79	75.4	377	第11名
14	201110082013	乐正宇	男	89	86	80	60	59	74.8	374	第12名
15	201110082002	马晓君	男	85	72	80	67	69	74.6	373	第13名
16	201110082017	张敏	女	69	74	79	71	74	73.4	367	第14名
17	201110082011	李超	男	65	58	54	92	94	72.6	363	第15名
18	201110082008	李苗苗	女	60	59	60	86	80	69	345	第16名
19	201110082018	胡云飞	男	60	68	75	65	58	65.2	326	第17名
20	科目最高分			98	96	97	98	96	92		

图 4.45　自动筛选

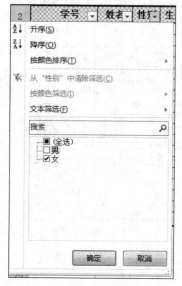

图 4.46　设置筛选条件

图 4.47　附加条件筛选

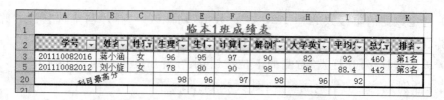

图 4.48　总分高于班级平均总分的女生成绩记录

（4）如果想取消自动筛选功能，选择"数据"功能区→"排序与筛选"组→"清除"
命令，或在筛选对象的下拉列表框中选择"全选"即可取消筛选，恢复所有数据。

3.利用"高级筛选"功能筛选出临本1班成绩表中"总分＜400"男生的成绩记录

（1）在表格下方建立条件区，如图4.49所示。

（2）单击数据清单内任意单元格。选择"数据"功能区→
"排序与筛选"组→"高级"命令，弹出"高级筛选"对话框，如
图4.50所示。选择"在原有区域显示筛选结果"或"将筛选
结果复制到其他位置"单选按钮，此时的列表区域实际上已
经由Excel自动选择好了，不需要修改。单击条件区域后的图标 ，选择条件区域，再次
单击 按钮后的对话框。最后单击"确定"按钮，筛选结果如图4.51所示。

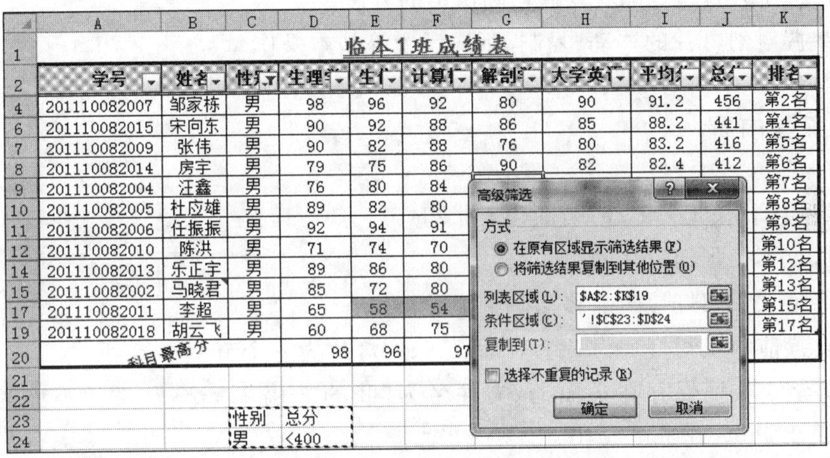

性别	总分
男	<400

图4.49 高级筛选条件区域

图4.50 "高级筛选"对话框

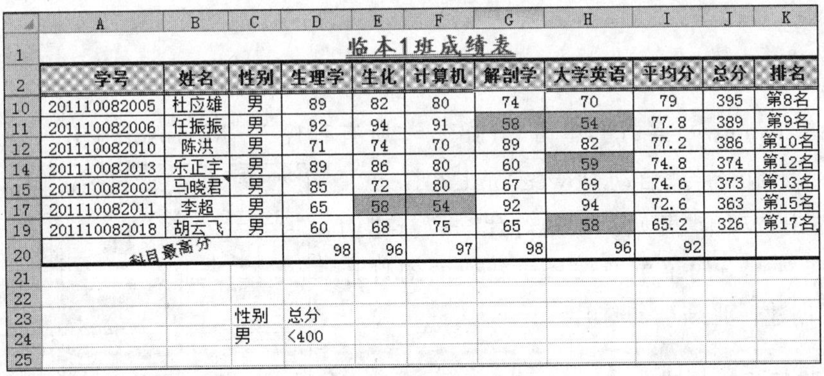

图4.51 高级筛选结果

第5章 演示文稿软件

5.1 【实验5-1】 幻灯片的基本操作

5.1.1 实验目的

（1）掌握 PowerPoint 2010 启动和退出的方法。

（2）掌握对幻灯片的移动、复制、版式设置等基本操作。

5.1.2 实验内容

（1）启动 PowerPoint 2010，新建4张幻灯片。

（2）修改第三张幻灯片的版式。

（3）将第三张幻灯片向前移动一个位置。

（4）设置前两张幻灯片为一个节，后三张幻灯片为一个节。

（5）将演示文稿保存在桌面上，文件名为"我的文稿1.pptx"，文件类型为"演示文稿"，最后退出 PowerPoint 2010。

5.1.3 实验步骤

1. 启动 PowerPoint 2010 并新建幻灯片

（1）在 Windows 桌面上单击"开始"→"所有程序"→Microsoft Office→Microsoft PowerPoint 2010 命令，启动 PowerPoint 2010。

（2）单击选项卡"开始"→"幻灯片"→"新建幻灯片"按钮，在弹出的菜单中选择要新建的幻灯片版式，即可创建一张新的幻灯片。

2. 更改幻灯片版式

（1）在"大纲幻灯片"视图窗格中右击幻灯片，在弹出的快捷菜单中选择"版式"命令。

（2）在版式列表中选择第二行第二列的"比较"，如图 5.1 所示，单击更改第三张幻灯片版式设置。

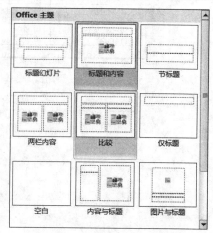

图 5.1 幻灯片版式选择

3. 移动或复制幻灯片

(1) 在"大纲幻灯片"视图窗格中单击第三张幻灯片并按住鼠标左键,将其拖到第二张幻灯片的上方,释放鼠标左键,完成移动。

(2) 也可右击第三张幻灯片,在弹出的快捷菜单中选择"剪切"命令。然后右击第一张幻灯片并在弹出的快捷菜单中选择"粘贴选项"中的"使用目标主题"命令,则可将第三张幻灯片移动到第一张幻灯片的下方,也就是向前移动了一个位置。

4. 为幻灯片添加节

(1) 在"大纲幻灯片"视图窗格中右击第三张幻灯片,选择"新增节"命令,将在幻灯片的上方增加一个名为"无标题节"的节分隔标记。

(2) 右击节分隔标记,选择"重命名节"命令,打开如图 5.2 所示的"重命名节"对话框,即可输入节的名称。

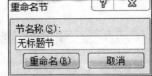

5. 保存并退出

(1) 选择"文件"→"保存"命令,若是第一次存盘将会出现"另存为"对话框,否则直接按原路径及文件名存盘。

图 5.2 "重命名节"对话框

(2) 选择文件的保存位置,输入文件名称,单击"保存类型"下拉按钮,选择所要保存的类型后单击"保存"按钮,即可完成保存操作。

5.2 【实验 5-2】 幻灯片的格式设置

5.2.1 实验目的

(1) 掌握利用样本模板创建幻灯片的方法。
(2) 掌握在幻灯片中插入文本、图片、艺术字的方法。
(3) 掌握幻灯片母版的使用方法。

5.2.2 实验内容

(1) 利用模板创建幻灯片并添加文本。
(2) 设置文字格式。
(3) 添加艺术字及图片。
(4) 切换幻灯片视图。
(5) 修改幻灯片的母版。

5.2.3 实验步骤

1. 利用模板创建幻灯片并添加文本

(1) 选择"文件"→"新建|样本模板"中的"现代型相册",如图5.3所示。

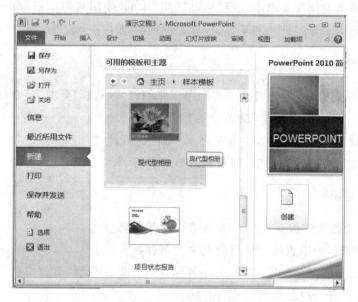

图5.3 选择模板

(2) 单击"创建"按钮,完成新建演示文稿操作,如图5.4所示。

图5.4 利用模板创建的演示文稿

（3）单击占位符添加文字，若没有占位符，可以插入文本框并输入文本。选择"插入"→"文本"→"文本框"按钮，选择"横排文本框"或者"垂直文本框"，将鼠标指针移到目标位置，按住左键拖动出大小合适的文本框，在文本框中输入文字信息。

2. 文字格式的设置

（1）文字格式通过"开始"选项卡"字体"组中的命令来设置，段落格式可以通过"开始"选项卡"段落"组中的命令来设置。第一张幻灯片设置后的效果如图 5.5 所示。

图 5.5　设置格式后演示文稿的效果

（2）PowerPoint 2010 中有一种很方便的功能，就是可以将现有段落内容直接转换为 SmartArt 图形。选择第二张幻灯片，单击待转换文字所在的占位符，然后单击"开始"→"段落"→"转换为 SmartArt"按钮，选择一种 SmartArt 图形即可。第二张幻灯片设置的效果如图 5.6 所示。

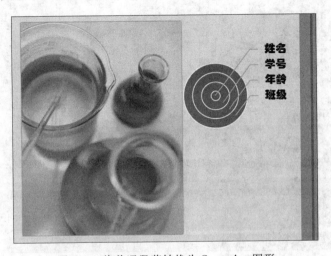

图 5.6　将普通段落转换为 SmartArt 图形

3. 添加艺术字及图片

（1）选中第三张幻灯片，单击"插入"→"文本"→"艺术字"按钮，选择一种艺术字样式，输入适当内容，并移至幻灯片中的适当位置。

（2）选中幻灯片，将其中第一张图片删除，如图5.7所示。

图5.7　重新添加图片

（3）单击图像占位符，弹出"插入图片对话框"，选择待插入的图片后单击"插入"按钮。

4. 幻灯片视图

（1）单击状态栏右边的"幻灯片浏览"按钮，幻灯片视图改变为浏览视图，如图5.8所示。

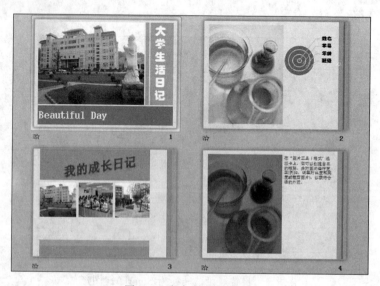

图5.8　幻灯片浏览视图

（2）分别单击"普通视图"按钮、"阅读视图"按钮，"幻灯片放映"按钮、幻灯片可在不同视图间进行切换。

5．修改幻灯片的母版

（1）单击选项卡"视图"→"母版视图"→"幻灯片母版"按钮，切换到幻灯片母版视图，选中幻灯片窗格中的第一张幻灯片。

（2）单击选项卡中的"插入"→"文本"→"文本框"按钮，在幻灯片中右下角绘制一个文本框，然后在其中输入文字。

（3）按如图5.9所示效果对文字及文本框进行格式设置。

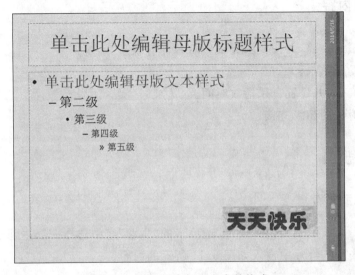

图5.9 设置文本框和文字的格式

（4）单击功能区中的"关闭母版视图"按钮，退出幻灯片母版视图。这时会发现每张幻灯片的右下角都有相同的文字，并且格式和位置都是一样的，如图5.10所示。

图5.10 在每张幻灯片中显示固定文字

5.3 【实验5-3】 为对象设置动画

5.3.1 实验目的

(1)掌握为对象添加动画效果的方法。

(2)掌握向幻灯片中添加音频和视频的方法。

(3)掌握向幻灯片中设置对象的链接的方法。

5.3.2 实验内容

(1)新建演示文稿,并按要求完成幻灯片内容设置。

(2)增加动画效果。

(3)插入音乐,并设置音乐播放时间。

(4)设置对象的超级链接。

5.3.3 实验步骤

1. 创建演示文稿

(1)新建一个演示文稿,在"设计"选项卡的"主题"组中选择一个主题形式。

(2)在第一张幻灯片中输入如图5.11所示的内容。

图5.11 第一张幻灯片效果图

(3)添加第二张幻灯片,单击选项卡中的"插入"→"插图"→"形状"按钮,在弹出的列表中选择基本形状中的"太阳形"画一个太阳,再选择"笑脸"和"直线"绘制一个"人"的图案,自行设置其中的颜色,并将所绘"人"的图形进行组合设置。效果如图 5.12 所示。

2. 添加动画效果

(1) 添加动画。选中第二张幻灯片中的"太阳"对象,在选项卡的"动画"→"动画"组中选择"浮入"动画效果,选中第二个对象"人",用同样方法为其添加"弹跳"动画效果,并设置第二个动画的播放方式为"上一动画之后",如图 5.13 所示。设置完毕后放映幻灯片观察播放的效果。

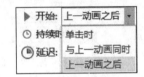

图 5.12　第二张幻灯片效果图　　　　图 5.13　设置动画的播放方式

(2) 设置对象的强调效果。选中"太阳"对象,在"动画"-"选项卡的动画"组的下拉列表中选择"放大/缩小"强调效果,并观察预览效果。

(3) 设置退出动画。选中"太阳"对象,在"动画"-"选项卡的动画"组的下拉列表中选择"浮出"退出效果,并观察预览效果。

3. 向幻灯片中添加声音文件

(1) 选中第一张幻灯片,单击选项卡的"插入"→"媒体"→"音频"按钮,在弹出的菜单中选择"PC 上的音频",然后在打开的对话框中选择声音文件并单击"确定"按钮,即可将声音插入到当前幻灯片中,此时会在当前幻灯片中出现一个声音图标 🔊。

(2) 选中声音图标,在"音频工具"-"格式"选项下可对图标大小、颜色、样式等进行简单的设置。

(3) 选中声音图标,在"音频工具"-"播放"选项卡下的"音频选项"组选中"循环播放,直到停止"和"播完返回开头"两个选项,如图 5.14 所示。

(4) 选中声音图标,单击选项卡的"动画"-"动画窗格"按钮,在右侧出现的"动画窗格"中,可对声音文件做更多的设置,如图 5.15 所示。

(5) 在如图 5.16 所示的"播放音频"对话框中,设置声音开始播放的时间为"从头开始",设置声音停止播放的时间为"在第 5 张幻灯片后"(假定共有 5 张幻灯片)。

注:此处就相当于为演示文稿设置了背景音乐,声音播放会在 5 张幻灯片之后才停止。

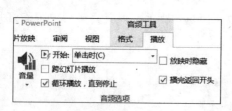

图 5.14 音频选项设置

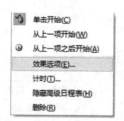

图 5.15 选择声音"效果选项"菜单

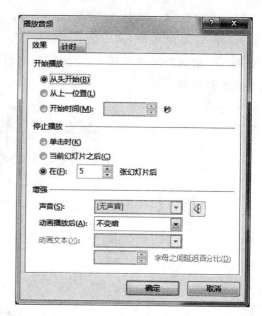

图 5.16 "播放音频"对话框

4. 设置对象的超级链接

(1) 在幻灯片中,用文本框、图形(片)制作一个"超级链接"按钮,并添加相关的提示文本。

(2) 选中相应的按钮,执行"插入"→"链接"→"超链接"命令,打开"插入超链接"对话框。如在本例中选中第二张幻灯片中的"太阳"形状,设置超级链接,使其链接到第五张幻灯片,如图 5.17 所示。

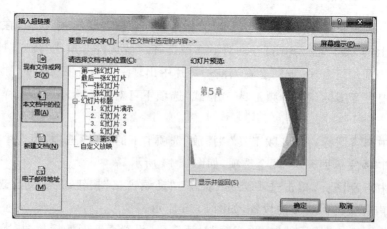

图 5.17 "插入超链接"对话框

（3）保存幻灯片至桌面，文件名为"动画演示.pptx"。

5.4 【实验5-4】 幻灯片的放映

5.4.1 实验目的

（1）掌握幻灯片的切换方式的设置。
（2）掌握幻灯片的放映技巧。

5.4.2 实验内容

（1）设置幻灯片的切换方式。
（2）插入动作按钮。
（3）设置放映方式。
（4）设置幻灯片放映时间。

5.4.3 实验步骤

1. 设置幻灯片的切换方式

（1）打开实验5-3保存的演示文稿"动画演示.pptx"，选定第一张幻灯片，打开选项卡中的"切换"-"切换到此幻灯片"下拉列表，选择一种页面切换效果。

（2）单击"预览"组的预览按钮，播放动画效果以观察是否符合要求。

（3）在"计时"组的换片方式栏选中"单击鼠标时"复选框，并设置自动换片时间为"00：02.00"，单击"全部应用"按钮，这时将为该演示文稿中所有幻灯片设置相同的切换效果。在"计时"组还可设置是否添加切换声效和切换效果持续的时间，如图5.18所示。

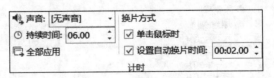

图5.18 幻灯片切换操作

2. 插入动作按钮

（1）选中第一张幻灯片，单击"插入"选项卡，打开"插图"→"形状"下拉列表，选择动作按钮 ▷ ，如图5.19所示。

（2）在当前幻灯片合适的位置拖动鼠标创建动作按钮，同时弹出"操作设置"对话框，如图5.20所示。

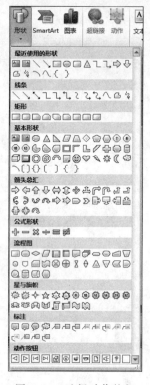

图 5.19 选择动作按钮

图 5.20 "操作设置"对话框

（3）在"超链接到"列表框中，选择"下一张幻灯片"选项，单击"确定"按钮。在幻灯片放映时，单击该按钮，即可切换到下一张幻灯片。

（4）用同样的方法插入另一个动作按钮，在"超链接到"列表框中选择"幻灯片"选项，然后单击"确定"按钮，如图 5.21 所示。

图 5.21 "超链接到"幻灯片

（5）这时打开"超链接到幻灯片"对话框，在"幻灯片标题"列表中选择"3. 幻灯片 3"，使该按钮链接到第 3 张幻灯片，如图 5.22 所示。

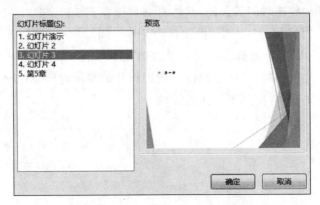

图 5.22　"超链接到幻灯片"对话框

（6）选中动作按钮，拖动控制点改变按钮的大小，并将按钮调整到合适的位置。

3. 设置放映方式

单击"幻灯片放映"→"设置"→"设置幻灯片放映"按钮，弹出"设置放映方式"对话框，如图 5.23 所示。在这里可对放映方式进行设置，如绘图笔、激光笔的颜色等。选中"循环放映，按 Esc 键终止"复选框，可以在放映幻灯片时按 Esc 键终止放映。

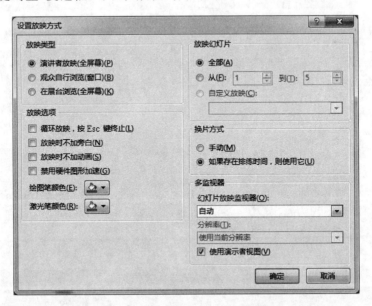

图 5.23　"设置放映方式"对话框

4. 设置幻灯片放映时间

设置每张幻灯片放映时间的长短,具体有两种操作方法。

(1) 在"切换"-"计时"选项卡中"设置自动换片时间"。

(2) 通过排练计时来设置放映时间。单击选项卡"幻灯片放映"→"设置"→"排练计时"按钮,开始进行排练计时,然后用鼠标控制幻灯片的演示时间,放映每张幻灯片所用的时间会自动记录下来,并应用到下一次的放映。

第6章 计算机网络与Internet的应用

6.1 【实验6-1】 Internet Explorer 浏览器的使用

6.1.1 实验目的和要求

(1) 熟悉浏览器的界面及基本操作。

(2) 掌握 Internet 属性的设置方法。

(3) 掌握添加和整理收藏夹,以及查看历史记录的方法。

6.1.2 实验内容和步骤

1. IE 的启动与退出

通常情况下,有3种方式启动 Internet Explorer 浏览器。

(1) 双击桌面上的 Internet Explorer 浏览器快捷方式图标。

(2) 单击"开始"→"所有程序"中的 Internet Explorer 菜单选项。

(3) 单击任务栏上的 Internet Explorer 快捷启动工具图标。

退出:单击 IE 主窗口右上角的"关闭"按钮,或选择菜单"文件"→"退出"。

2. IE 浏览器的窗口结构

启动 IE 浏览器,窗口结构如图 6.1 所示。

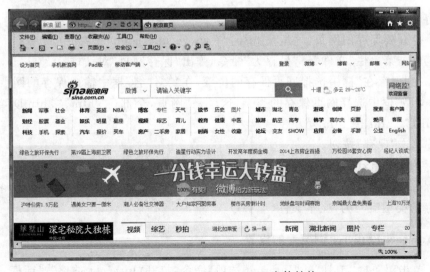

图 6.1 Internet Explorer 9.0 窗体结构

Internet Explorer 9.0 的窗口由标题栏、地址栏、工具栏、菜单栏、命令栏、浏览窗口以及状态栏等组成。

标题栏位于窗口的顶部,Internet Explorer 9.0 默认状态不再显示当前所打开 Web 页面的标题或名称,标题栏的右边是窗口控制按钮,可用来控制窗口的大小。

地址栏显示了目前访问的 Web 页面的地址(常称为网址)。如果用户要访问新的 Web 站点,直接在此栏的空白处输入地址并按 Enter 键即可,也可以打开地址栏的下拉列表框,在列表框中显示了浏览器曾经浏览过的 Web 页面,直接选择地址即可方便地打开相应的网页。

在地址栏的左右分别有几个快捷工具按钮,它们是"返回"、"前进"、"主页"、"查看"、"工具"等。

菜单栏包含了 Internet Explorer 9.0 提供的所有命令,包括"文件"、"编辑"、"查看"、"收藏"、"工具"以及"帮助"六个菜单。用户可以利用这些菜单完成查找信息、保存网页、收藏站点、脱机浏览等操作。

命令栏为管理浏览器提供了一系列功能和命令。Internet Explorer 9.0 的命令栏列出了用户在浏览网页时所需要的最常用的工具按钮,例如"主页"、"阅读邮件"、"打印"、"页面"、"安全"及"工具"等,这些按钮的功能,也可以通过菜单中的相应命令实现。

主窗口中显示打开的 Web 页面的信息。如果 Web 页面太大,无法在窗口中完全显示,用户可以使用主窗口侧边和下边的滚动条浏览 Web 页面的其他部分。

状态栏显示了 Internet Explorer 9.0 当前状态的信息,与 Internet Explorer 7.0 及以前版本不同的是,状态栏是显示鼠标所指向的超级链接。

3. 保存网页

浏览 http://www.sina.com.cn,并将当前网页保存到 E 盘中,文件名为 sina.html 和 sina.txt,打开 E 盘中刚才保存的两个文件(sina.html 和 sina.txt),比较它们有何不同。

保存为 sina.html 的操作方法如下。

(1) 打开要保存的网页(这里是 http://www.sina.com.cn 主页)。

(2) 单击菜单栏"文件"→"另存为"命令,弹出"保存网页"对话框。

(3) 在"保存在"框中选择网页保存的位置,在"文件名"框中输入保存的网页文件名,在"保存类型"框中选择网页保存的类型,这里是"网页,全部(*.htm、*.html)"或"网页,仅 HTML(*.htm、*.html)"。

(4) 单击"保存"按钮。

保存为 sina.txt 的操作方法如下。

与保存为 sina.html 大致相同,不同的是在上面的第(3)步中在"保存类型"框中选择网页保存的类型应当为"文本文件(*.txt)"。

4. Internet Explorer 浏览器的设置

(1) 单击菜单栏"工具"→"Internet 选项"命令,打开"Internet 选项"对话框,如图 6.2

所示。

选择 IE 窗口中"工具"菜单下的"Internet 选项"命令。

（2）"常规"选项卡的设置。

① 在打开的"Internet 选项"对话框中，选择"常规"选项卡，在主页的地址栏文本框中，可设置主页为 http://www.sina.com.cn。

② 在"浏览历史记录"选项区中，单击"设置"按钮，打开如图 6.3 所示的"设置"对话框，可查看 Internet 临时文件所存放的文件夹，直接在"要使用的磁盘空间"下的文本框中输入大小，可调整保存临时文件的磁盘空间，还可以在"当前位置"选项区中对临时文件和网页保存的位置进行查看和移动，在"历史记录"选项区中可对网页保存历史记录的天数进行设置和更改。

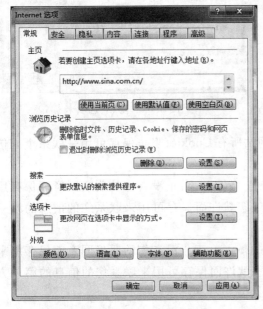

图 6.2 "Internet 选项"对话框

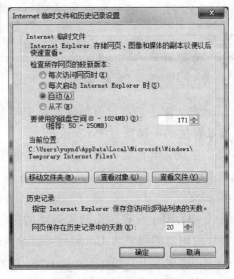

图 6.3 "设置"对话框

③ 为了节省磁盘空间，打开的"Internet 选项"对话框中，选择"常规"选项卡，在浏览历史记录区，单击"删除"按钮以删除临时文件，这样就会对已浏览过的网页降低浏览速度。

（3）在"Internet 选项"对话框中，选择"安全"选项卡，如图 6.4 所示。

Internet Explorer 9.0 提供了安全三种级别，"高"、"中-高"、"中"，默认级别为"中-高"，此外还可以自定义安全级别。

（4）"隐私"选项卡的设置。

① 在"Internet 选项"对话框中，选择"隐私"选项卡，如图 6.5 所示。

② 移动滑块的 6 个级别含义如下。

a. 阻止所有 Cookie：来自所有网站的 Cookie 都将被阻止；本计算机上的现有 Cookie 不可被网站读取。

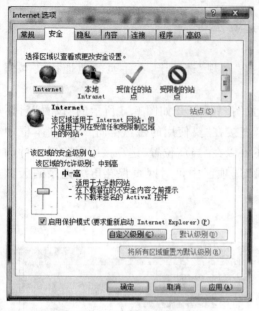

图 6.4 "安全"选项卡

图 6.5 "隐私"选项卡

b. 高：阻止来自没有精简隐私策略的网站所有 Cookie；阻止保存可用来联系个人信息而没有您的明确同意的 Cookie。

c. 中高：阻止没有精简隐私策略的第三方 Cookie；阻止没有您的明确同意而保存用来联系您的信息的第三方 Cookie；阻止没有经您默许而保存可用来联系您的信息的第一方 Cookie。

d. 中：阻止没有精简隐私策略的第三方 Cookie；阻止没有您的明确同意而保存用来联系您的信息的第三方 Cookie；限制没有经您默许而保存可用来联系您的信息的第一方 Cookie。此项为 Internet Explorer 9.0 的默认值。

e. 低：阻止没有精简隐私策略的第三方 Cookie；限制保存可用来联系您的信息而没有您的默许的第三方 Cookie。

f. 接受所有 Cookie：保存来自任何网站的 Cookie；该计算机上已有的 Cookie 可被创建它们的网站读取。

③ 选中"启用弹出窗口阻止程序"复选框，也可以单击"设置"按钮进行允许窗口弹出设置。

5. 添加和整理收藏夹

收藏夹是 IE 系统设置的类似菜单的一些预定信息。除 IE 本身默认的收藏夹内容外，用户还可以添加自己喜欢的 Web 网页，也可以整理收藏夹中的内容。

1）在收藏夹中添加 Web 网页

单击 IE 菜单栏上的"收藏"下拉菜单或在显示区域内右击，出现一个弹出式菜单，单击该菜单中的"添加到收藏夹"菜单项，屏幕弹出"添加收藏"对话框，如图 6.6 所示。在

"名称"栏中,输入或更改网页名称,单击"确定"按钮,保存更改结果,同时在"收藏夹"文件夹中创建该 Web 页的快捷方式。

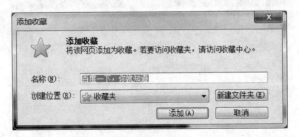

图 6.6 "添加收藏"对话框

以后要进入该网页,就可以直接打开"收藏夹",单击该网页即可。

2)创建新文件夹

若想保存到其他的或新的文件夹中,单击"添加到收藏夹"对话框中的"创建位置"下拉列表,就会列出包含在"收藏夹"中的文件列表,如图 6.7 所示。

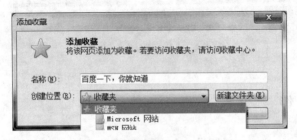

图 6.7 "收藏夹"中的文件列表

在文件夹列表中选定要保存当前快捷方式的文件夹,单击"确定"按钮,就可以在该文件夹中创建 Web 页的快捷方式。

可以单击"新建文件夹"按钮,在对话框的"文件夹名"栏中输入要创建的文件夹的名称,单击"确定"按钮。

3)整理收藏夹

保存在收藏夹中的 Web 页包括很多快捷方式,这些 Web 页有各种类型,需要进行整理。

(1)单击 IE 菜单"收藏夹"→"整理收藏夹"命令,即可弹出"整理收藏夹"对话框,如图 6.8 所示。

(2)单击对话框中"新建文件夹"按钮,在文件夹创建列表中就会出现新建文件夹,输入文件夹名称,按 Enter 键。

(3)选中快捷方式列表中的某项或多项,单击"移动"按钮,弹出"浏览文件夹"对话框,选择目标文件夹。

(4)重命名收藏夹中的快捷方式或文件夹:选中要重命名的站点或文件夹,单击"重命名"按钮,输入新名称即可。

(5)删除收藏夹中的快捷方式或文件夹:选定要删除的项目,单击"删除"按钮即可。

图 6.8 "整理收藏夹"对话框

6.1.3　思考及操作

（1）在 Internet Explorer 浏览器中可以设置哪些内容？你认为哪项设置比较重要？

（2）收藏夹内的网站该如何整理和删除？

6.2　【实验 6-2】　下载文件

6.2.2　实验目的和要求

（1）掌握浏览器中下载信息的方法。

（2）会用"迅雷"软件下载信息。

（3）掌握 FTP 的使用方法。

6.2.2　实验内容和步骤

1. 使用浏览器下载软件

这是目前使用比较频繁、操作简单方便的一种下载软件方式。在浏览过程中，只要单击想要下载的链接（一般是 .zip、.exe 之类），浏览器就会自动启动下载，只要给下载的文件找个存放路径即可开始下载。若要保存图片，只要右击该图片，选择"图片另存为"，再选择存放的文件夹即可。

这种方式的下载虽然简单,但它功能太少、不支持断点续传、对于拨号上网的朋友来说下载速度也非常慢。

2. 使用"迅雷"下载软件工具下载信息

下载文件的步骤如下。

(1) 进入 www.skycn.com 站点,搜索找到"酷狗音乐",如图 6.9 所示。

图 6.9 "酷狗音乐"软件的下载页面

(2) 单击"高速下载"按钮,弹出"迅雷"下载对话框,如图 6.10 所示。

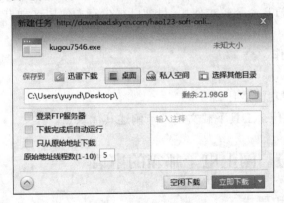

图 6.10 "迅雷"下载对话框

(3) 单击"立即下载"按钮,即可进行"酷狗音乐"软件的下载。

（4）下载完毕后，就能够在迅雷指定的位置中找到下载的文件了。

3. 使用 Internet Explore 直接访问 FTP 服务器

在 Internet Explore 的地址栏中输入服务器域名，如 ftp://218.197.48.38/，按 Enter 键，就可登录到该 FTP 服务器的登录对话框，如图 6.11 所示。一般地，FTP 能够传输 ASCII 文件或者二进制文件。通常，在登录 FTP 时，用户需要输入用户名和口令才能和远程主机建立通信联连接，当输入的口令得到远程主机的审核通过后，就具备了进行文件传输的权限，此后，就可以从远程计算机上下载或上传文件。

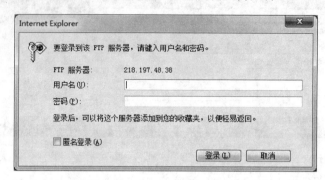

图 6.11　FTP 登录对话框

通常网络上支持文件传输服务的计算机都支持匿名服务，因此如果不知道"用户名"和"口令"时，可选择"匿名登录"，在登录时仅仅需要以 anonymous 作为用户名，使用自己的电子邮件地址作为口令即可登录，登录后就能够直接存取远程主机上的文件。通过浏览找到所需文件后，双击该文件，就可以弹出"文件下载"对话框。

4. 使用 Windows 提供的 FTP 命令

单击开始按钮，选择"搜索程序或文件"菜单项的输入栏，直接输入"ftp 服务器域名"，如 ftp：//218.197.48.38/。输入用户名和口令，登录 FTP 服务器后，就使用 FTP 命令下载所需文件。由于 FTP 命令较难使用，目前已很少有人使用这种方式下载软件了。

6.2.3　思考及操作

（1）FTP 的主要功能是什么？
（2）你经常使用什么工具下载文件？请阐述其优缺点。

6.3 【实验 6-3】 网上电子邮箱的申请

6.3.1　实验目的和要求

掌握申请网上电子邮箱的步骤。

6.3.2　实验内容和步骤

1. 网上电子邮箱的申请

（1）访问网易 163 电子邮箱主页。运行 IE 浏览器，在地址栏输入 http://mail.163.com，如图 6.12 所示为网页 163 免费电子邮箱的主页。

图 6.12　网易 163 电子邮箱主页

（2）单击"注册"按钮，进入邮箱申请页面，如图 6.13 所示。

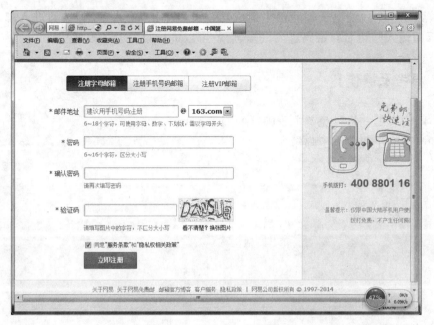

图 6.13　网易 163 注册页面

（3）在免费申请网页按照系统提示输入邮件、密码、确认密码以及相关资料等，完成后单击"立即注册"按钮。

（4）注册成功后，系统就会反馈相关信息，如图 6.14 所示。

图 6.14　申请邮箱成功反馈信息界面

（5）至此一个免费电子邮箱已申请成功。可以单击"进入邮箱"按钮进入邮箱，也可在登录页面输入邮箱名和密码进入，进入后就可以进行收发电子邮件了。

6.3.3　思考及操作

（1）国内有哪些提供免费电子邮箱的网站？
（2）申请一个免费电子邮箱。

第 7 章　Dreamweaver 网页制作

7.2 【实验 7-1】　建立站点并制作简单网页

7.1.1　实验目的

(1) 认识并熟悉 Dreamweaver 的工作界面。

(2) 掌握建立站点的步骤。

(3) 能够进行简单的网页制作。

7.1.2　实验内容

(1) 在 Dreamweaver 中建立站点。

(2) 在 Dreamweaver 站点文件列表下新建文件和文件夹。

(3) 设计简单的网页。

7.1.3　实验步骤

本实验是在 Dreamweaver CS6 的版本上进行操作的,具体步骤可能因 Dreamweaver 版本的不同而有所差异。

1. 创建本地站点

打开 Dreamweaver,选择菜单"站点"→"管理站点"→"新建站点"命令,弹出如图 7.1 所示对话框。

(1) 在"站点设置对象"对话框中进行以下设置。

输入站点名称,如 myWeb,设置本地站点文件夹,如 E:\myWeb\。打开高级设置侧边栏,在本地信息栏里设置默认图像文件夹,即图像所放置的文件夹,如设置为 E:\myWeb\image\(注:图像文件夹要在站点文件夹下,一般命名为 image 或 images)。在 HTTP 地址里输入完整网站的 URL,以便 Dreamweaver 能检验使用绝对 URL 网站链接。选中"启用缓存"复选框以提高链接和网站维护任务的速度。设置完毕后,单击"保存"按钮,如图 7.2 所示。

(2) 在 Dreamweaver 的工作界面右侧浮动面板组中"文件"标签下就能看到刚才新建的站点 myWeb,如图 7.3 所示。

如果要对所建立的站点进行修改,可以选择菜单"站点"→"管理站点"命令,在弹出的"管理站点"窗口中双击所要修改的站点名称即可。

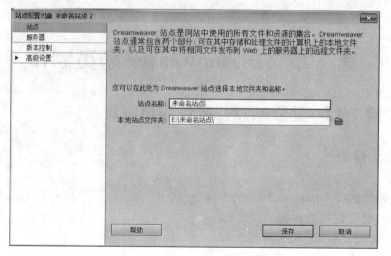

图 7.1 "站点设置对象"对话框

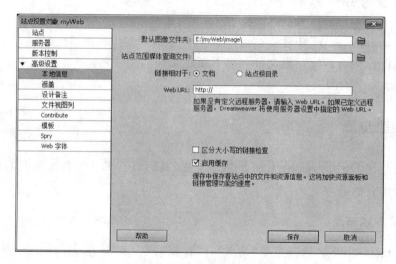

图 7.2 站点本地信息设置

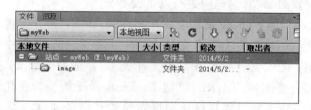

图 7.3 管理已建站点

2. 在站点文件列表下新建文件和文件夹的步骤

（1）在站点文件列表中右击"站点-myWeb（E:\myWeb)"，在弹出的菜单中选择"新建文件夹"命令，文件列表中就会出现名为 untitled 的文件夹，将该文件夹命名为 css，用同样的操作建立一个名为 res 的文件夹。

（2）在站点文件列表下新建文件有两种方法。

① 选择"文件"→"新建"命令，在弹出的"新建文档"对话框中，选择 HTML 页面类型，再选择一种布局，如列固定，居中，单击"创建"按钮就新建了一个 HTML 网页，然后再选择"文件"→"保存"命令或者是按 Ctrl+S 组合键，将网页名称改为 first. html，然后用同样的方法建立 second. html、third. html、fourth. html。

② 在站点文件列表中右击"站点-myWeb(E:\myWeb)"，在弹出的菜单中选择"新建文件"命令，文件列表中就会出现名为 untitled 的网页文件，将该文件命名为 first. html，按同样操作建立 second. html、third. html、fourth. html。

3. 设计 first. html 网页

步骤如下。

（1）在站点文件列表中双击 first. html，打开该网页。

（2）将光标定位到"文档工具栏"中的"标题"，将标题中的内容改为"本站主页"，如图 7.4 所示。

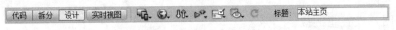

图 7.4　修改网页标题

（3）单击"属性"面板中的"页面属性"按钮，弹出如图 7.5 所示的"页面属性"对话框，单击"背景图像"后面的"浏览"按钮，选择一幅图片，即可为网页添加背景图像。

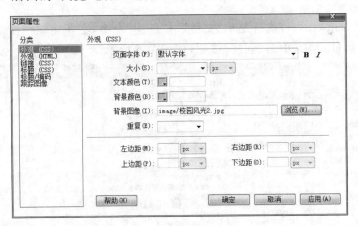

图 7.5　添加背景图像

（4）在工作区的编辑窗口中输入"欢迎光临我的小站"。

（5）浏览测试。浏览测试的方法有 3 种，第 1 种方法是直接按 F12 键，这是最快捷的方法，建议大家以后尽量采用这种方法。第 2 种方法是单击图 7.4 所示的"文档工具栏"中的 ⬛ 按钮，在弹出的菜单中选择"预览在 IExplore"命令后即可在 IE 浏览器中浏览当前网页。第 3 种方法是选择"文件"→"在浏览器中预览"→"IExplore"命令可在 IE 浏览器中浏览测试当前网页。

7.2 【实验7-2】 编辑网页

7.2.1 实验目的

(1) 掌握表格的基本操作。
(2) 掌握表格及单元格的设置。
(3) 掌握表格的布局技巧。
(4) 掌握在网页中插入图片及文本的方法。
(5) 掌握为图片添加超链接的方法。

7.2.2 实验内容

(1) 在网页中插入表格。
(2) 利用表格对网页进行布局。
(3) 插入图片。
(4) 为图片设置超链接。

7.2.3 实验步骤

(1) 新建网页。

① 启动 Dreamweaver，执行菜单"文件"→"新建"命令，在新建文档窗口中选择"空白页"，页面类型为 HTML，单击"创建"按钮，如图7.6所示。

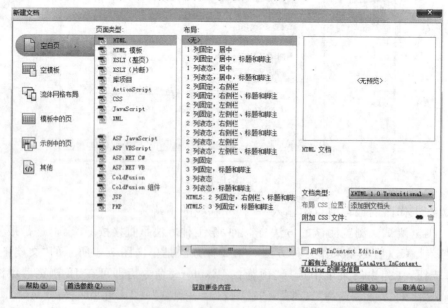

图7.6 新建 HTML 页面

② 在"属性"面板中单击"页面属性"按钮,弹出"页面属性"对话框,在"大小"下拉列表框中选择12,并设置页面边距为0,单击"确定"按钮,完成"页面属性"设置。

（2）选择"插入"→"表格"菜单,弹出"表格"对话框,在"行数"文本框中输入3,在"列数"文本框中输入1,在"表格宽度"文本框中输入600,在其后的下拉列表框中选择"像素"选项,并设置其他属性为0,单击"确定"按钮,如图7.7所示。

（3）选中插入的表格,在"属性面板"的"对齐"选项下拉列表中选择"居中对齐",将插入的表格居中对齐,如图7.8所示。

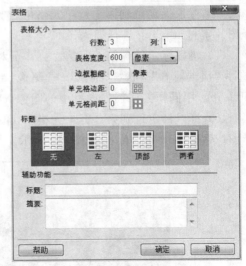

图 7.7　表格设置

（4）选中插入的表格,将鼠标移动到表格的下方,当鼠标光标变为 ⇔ 形态时按住鼠标左键不放,将其向下拖动调整表格的显示高度。

图 7.8　居中对齐表格

（5）选择表格第二行的单元格,在"属性"面板中单击"拆分单元格为行或列"按钮,如图7.9所示,把单元格拆分2列,使用鼠标调整表格中单元格的位置,如图7.10所示。

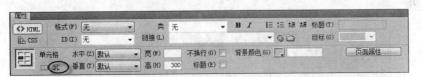

图 7.9　拆分单元格

图 7.10　单元格调整

（6）将鼠标定位到第1行单元格中，选择"插入"→"图像"命令，在弹出的对话框中选择图片素材 top.jpg 进行插入。

（7）将鼠标定位到第2行第1列单元格中，在属性栏设置"水平"为"居中对齐"，"垂直"为"顶端对齐"。选择"插入"→"图像"命令，在弹出的对话框中选择实验提供的素材 left1.jpg，用同样方法插入素材中的图像 left2.jpg、left3.jpg。

（8）将鼠标定位到第3行单元格中，单击"插入"→"图像"命令，在弹出的对话框中选择图像素材 bottom.jpg，如图7.11所示。

图7.11　插入图像

（9）将表格第2行第2列单元格拆分为2行。并在第1行内输入"学校简介"，设置单元格"水平"属性为"居中对齐"。在第2行内输入几个段落的文字信息，如图7.12所示。

图7.12　输入文字

（10）将鼠标定位到第一段文字末尾，选择"插入"→"HTML"→"水平线"命令，在输入文本的下方插入水平线，如图 7.13 所示。

图 7.13　插入水平线

（11）鼠标选中新插入的水平线，在"属性"面板中单击 ✍ 按钮，在弹出的"编辑标签"栏中输入＜hr color＝"blue"/＞，将水平线的颜色设置为"蓝色"，如图 7.14 和图 7.15 所示。

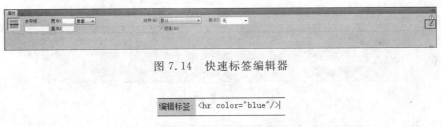

图 7.14　快速标签编辑器

编辑标签　`<hr color="blue"/>`

图 7.15　设置水平线颜色

（12）单击"实时视图"按钮即可在 Dreamweaver 中观看设置的效果，如图 7.16 所示。

（13）选择 bottom.jpg 图片，单击属性面板上"矩形热点工具"按钮，如图 7.17 所示，在图片上划出一个矩形方框。

在"热点"属性内，输入链接地址 first.html，将图片上该矩形区域链接到实验 7-1 中我们建立的第一个网页上面，如图 7.18 所示。

（14）选择"文件"→"保存"命令，保存当前正在编辑的网页。按 F12 键预览网页，单击 bottom.jpg 矩形区域观看链接效果。

（15）在 Dreamweaver 中选择当前网页，单击左侧导航栏 left1.jpg 图片，在属性面板中单击"链接"右侧文件夹按钮，并在弹出窗口中选择 second.html，使其链接到该网页。

用同样的方法为图片 left2.jpg、left3.jpg 设置超链接，使其分别链接到 third.html 和 fourth.html。

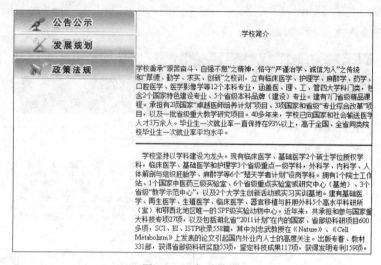

图 7.16　实时效果

图 7.17　矩形热点工具

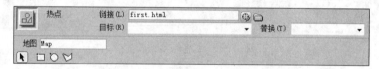

图 7.18　设置热点链接

（16）按 F12 键预览网页，单击左侧导航图片，观看链接效果。

第8章 数据库的应用

8.1 实验目的和要求

（1）掌握 Access 2010 的启动方法。

（2）熟悉 Access 2010 的工作界面和常用功能。

（3）掌握 Access 2010 中创建和维护数据库的基本方法。

（4）掌握 Access 2010 中创建和维护数据表的基本方法。

（5）熟悉查询设计视图。

（6）掌握创建简单查询的操作方法。

（7）掌握在查询视图中进行计算的方法。

8.2 实验内容及步骤

1. Access 2010 的启动

启动 Access 2010 的常用方法有以下两种。

（1）选择"开始"→"程序"→Microsoft Office→Microsoft Office Access 2010，即可启动 Access 2010，启动界面如图 8.1 所示。

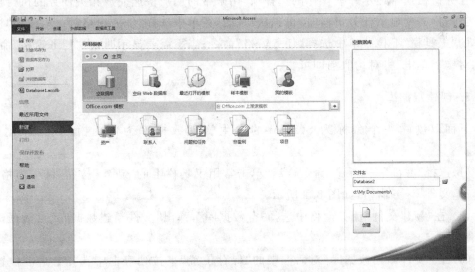

图 8.1 Access 2010 启动界面

（2）双击桌面上的 Access 快捷图标，也可以打开上述界面。

2. Access 2010 的工作界面

1）标题栏

标题栏位于 Microsoft Access 2010 工作界面的顶端,包括控制菜单按钮、程序名称和窗口控制按钮。

2）菜单栏

菜单栏里包括了"文件"、"编辑"、"视图"、"插入"、"工具"、"窗口"、"帮助"7 个默认菜单,这些菜单聚集了数据库操作的所有命令和设置。

菜单中的菜单命令有些是黑色的,有些是灰色的,不同颜色的菜单命令有着不同的含义。黑色显示的菜单命令项表示该命令项是当前可执行的命令;灰色显示的菜单命令项表示该命令项是当前不可执行的命令。

3）工具栏

工具栏中存放的是一组按钮,这些按钮是一些菜单命令的快捷操作按钮,灰色的按钮表示该按钮此时不可使用。

在 Microsoft Access 2010 工作界面中,如果没有打开数据表或是在查询视图下,此时的工具栏中显示的是一些常用命令按钮。

4）工作区域

工作区域部分是 Microsoft Access 2010 工作界面的重要组成部分,它通常用来显示具体的数据库窗口、数据表窗口等。

5）任务窗格

任务窗格通常显示一些操作的选择项,用来帮助用户快速完成相关任务的执行操作。

当用户需要显示任务窗格时,可以从"视图"菜单中选择"任务窗格"命令,或在"视图"菜单的"工具栏"下拉菜单中选择"任务窗格"命令;当不需要显示时,在"任务窗格"命令项前的对钩上单击,将对钩取消即可。

3. 创建数据库

下面以创建一个名称为 Student 的学生管理数据库为例,讲解数据库创建的步骤。

（1）选择"文件"→"新建"命令,或者单击常用工具栏上的"新建"按钮,任务窗格切换到"新建文件"任务窗格,如图 8.2 所示。

（2）在"新建文件"任务窗格中选择"空数据库",弹出"文件新建数据库"对话框,如图 8.3 所示。

（3）在"文件新建数据库"对话框中的"保存位置"下拉列表框中选择合适的位置,在"文件名"框中将该数据库命名为 Student,单击"创建"按钮。这样,一个新的空数据库就建好了。

（4）数据库创建成功后,会打开如图 8.4 所示的数据库窗口。

图 8.2 "新建文件"任务窗格

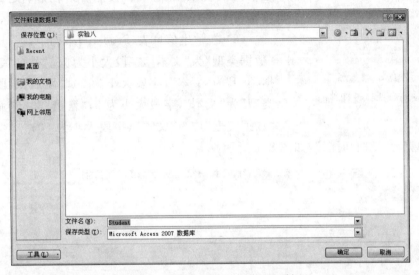

图 8.3 "文件新建数据库"对话框

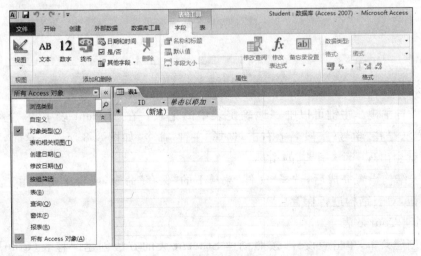

图 8.4 Student 数据库窗口

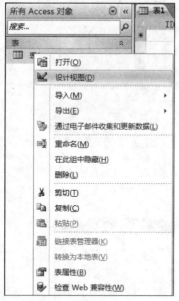

图 8.5　选择设计视图

4. 创建数据表

下面在 Student 数据库中创建 3 个表,分别为存放学生信息的 Student 表和课程表 Course 以及存放学生考试成绩的 Grade 表。

1) 创建 Student 表

(1) 设置数据表的结构。要建立一个数据表,必须先设置表的结构。在图 8.4 所示的数据库窗口中单击"表"选项卡,如图 8.5 所示,右击选择"设计视图",则出现如图 8.6 所示的窗口。按照所给表格确定表的结构,确定各个字段的名称、数据类型和属性。

(2) 在学生信息表(Student)结构中,"学号"字段的"数据类型"为"文本",字段大小为 15;"姓名"字段的"数据类型"为"文本",字段大小为 20;"性别"字段的"数据类型"为"文本",字段大小为 8;"籍贯"和"专业"字段的"数据类型"均为"文本",字段大小为 50;"出生年月"的"数据类型"为"日期/时间",如图 8.7 所示。

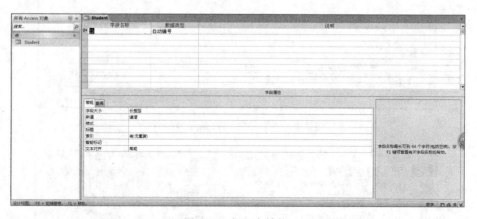

图 8.6　定义表结构

(3) 设置主键。主键可以唯一地确定表中的记录。在 Student 表中,将"学号"定义为主键,方法是在"学号"字段名上右击,选择"主键"命令,如图 8.8 所示。这时,"学号"字段的前面就会出现一个"钥匙"的图标。

(4) 表结构设置完成后,选择"文件"菜单下的"保存"命令,或者单击常用工具栏中的"保存"按钮,对表结构进行保存。

2) 创建 Course 表

选择创建菜单,单击表设计,按照创建 Student 表的方法创建课程表(Course),具体表结构设置如下:"课程号"和"课程名称"字段的"数据类型"均为"文本",字段大小为 15;

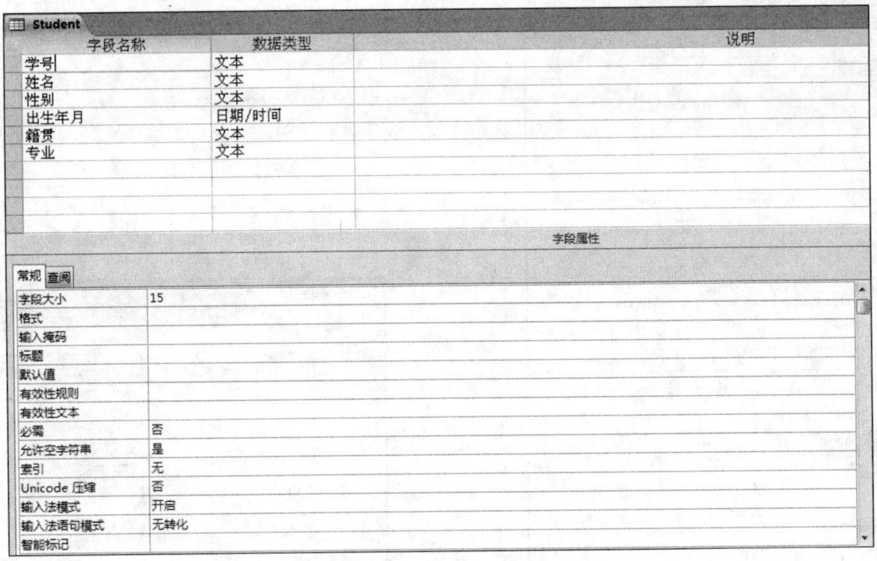

图 8.7 Student 表的结构视图

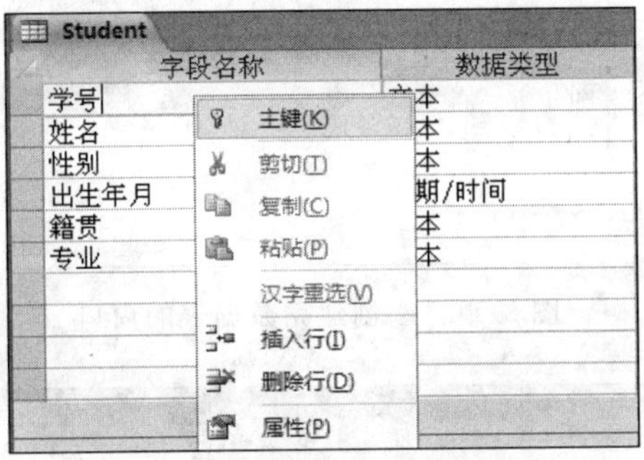

图 8.8 设置主键

"学分"字段的"数据类型"为"数字",字段大小为"长整型";"课程号"字段设置为主键,如图 8.9 所示,设置完成后并保存为"Course 表"。

3) 创建 Grade 表

在成绩表(Grade)结构中,"学号"和"课程号"字段的"数据类型"均为"文本",字段大小为 15;"成绩"字段的"数据类型"为"数字",字段大小为"整型";将"学号"和"课程号"字段设置为主键,方法为按下 Ctrl 键选中"学号"和"课程号"字段,右击设置为"主键",如图 8.10 所示,设置完成后并保存为"Grade 表"。

表格创建完成后,数据库窗口如图 8.11 所示。

4) 输入数据

(1) 双击 Student 表,进入 Student 表,输入如图 8.12 所示的数据。

(2) 双击 Course 表,进入 Course 表,输入如图 8.13 所示的数据。

(3) 双击 Grade 表,进入 Grade 表,输入如图 8.14 所示的数据。

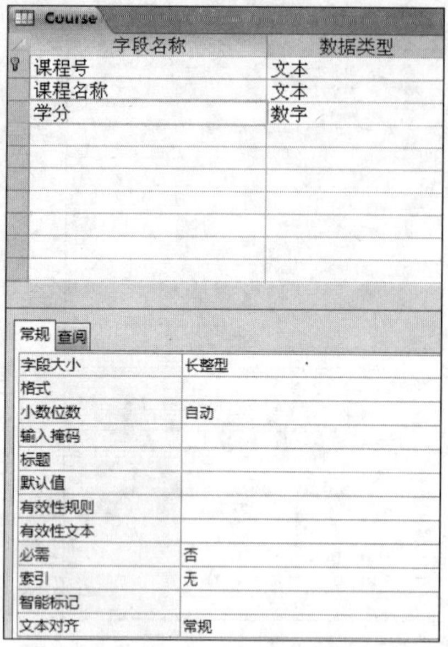

图 8.9　Course 表结构视图

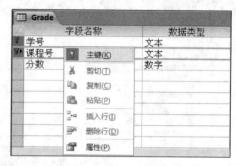

图 8.10　Grade 表结构视图

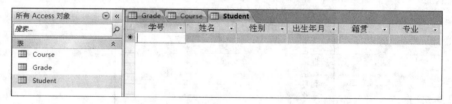

图 8.11　刚创建完数据表的窗口

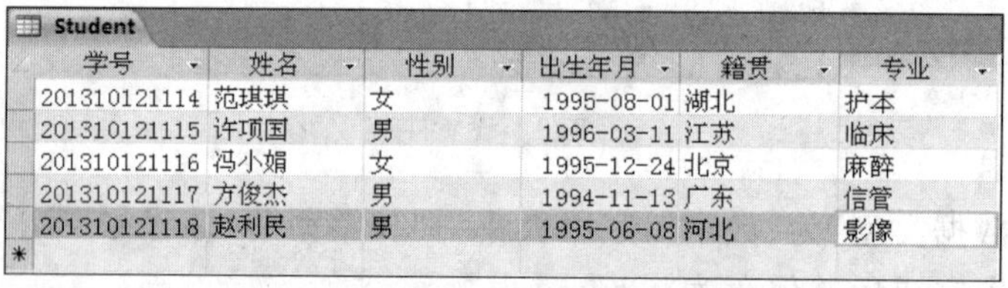

学号	姓名	性别	出生年月	籍贯	专业
201310121114	范琪琪	女	1995-08-01	湖北	护本
201310121115	许项国	男	1996-03-11	江苏	临床
201310121116	冯小娟	女	1995-12-24	北京	麻醉
201310121117	方俊杰	男	1994-11-13	广东	信管
201310121118	赵利民	男	1995-06-08	河北	影像

图 8.12　向 Student 表中输入的数据

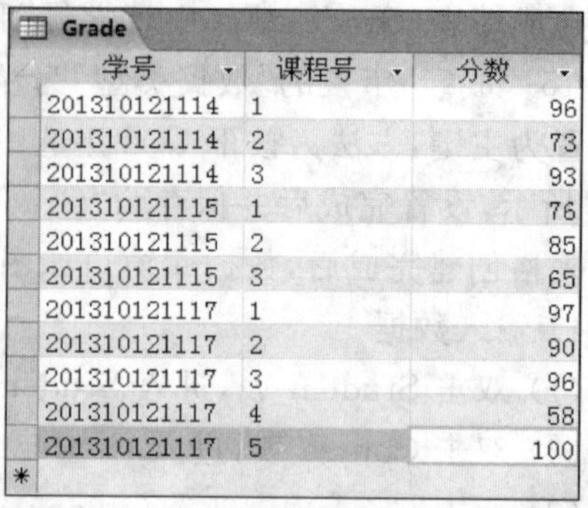

课程号	课程名称	学分
1	大学计算机基础	3
2	大学英语	6
3	大学语文	3
4	操作系统	3
5	数据库原理与应用	3

图 8.13　向 Course 表中输入的数据

学号	课程号	分数
201310121114	1	96
201310121114	2	73
201310121114	3	93
201310121115	1	76
201310121115	2	85
201310121115	3	65
201310121117	1	97
201310121117	2	90
201310121117	3	96
201310121117	4	58
201310121117	5	100

图 8.14　向 Grade 表中输入的数据

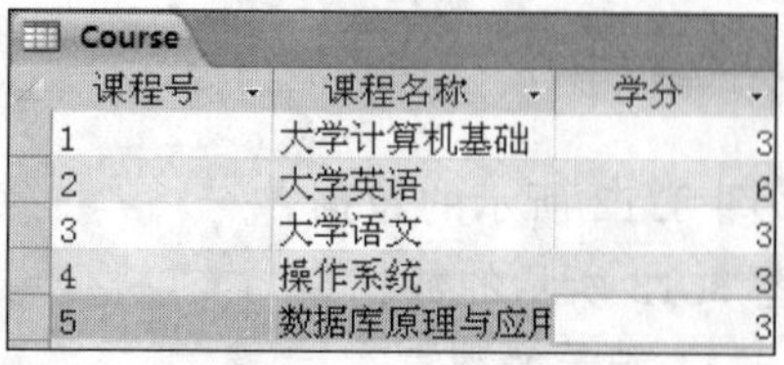

5. 建立简单查询

建立查询可以用查询向导和设计视图两种方法。在查询设计视图中不但能建立新的查询,也能修改已有的查询。如在 Student 数据库中查询"具有不及格科目的学生名单",可以按以下的步骤完成。

(1) 打开数据库 Student,单击创建菜单,单击查询设计,如图 8.15 所示。

图 8.15 "查询"管理窗口

(2) 双击"在设计视图中创建查询",弹出"显示表"对话框,如图 8.16 所示。该查询是在 Grade 表中完成的,选中 Grade 表,单击"添加"按钮,然后单击"关闭"按钮。

(3) 这时,Grade 表加入到查询设计视图中,如图 8.17 所示。

图 8.16 "显示表"对话框

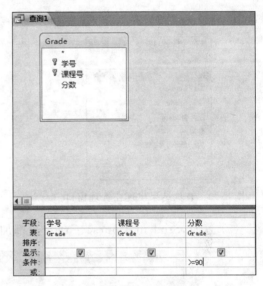

图 8.17 查询设计视图及设置查询条件

(4) 在表中选择查询所需的字段,在"条件"中设置查询的条件">=90",因为要查询的是考试优秀的学生,所以字段中选择学号、课程号(哪一门课优秀)、分数,条件为">=90",如图 8.17 所示。

(5) 单击设计菜单,单击"运行"按钮 ❗,则得到查询结果,如图 8.18 所示。

(6) 选择"文件"→"保存"命令,如图 8.19 所示。

图 8.18 查询结果

图 8.19 保存查询结果

（7）查询结果出现在查询管理界面中，如图 8.20 所示。

6. 建立复杂的查询

在图 8.18 中，显示出了优秀的学生及考试科目，但是不能很直观地看到优秀学生的姓名和考试科目名称，为了达到以上要求，要做以下查询。

（1）打开数据库 Student，在对象中单击"查询"。

（2）双击"在设计视图中创建查询"，弹出"显示表"对话框，如图 8.21 所示。该查询是在 Student、Course、Grade 表中完成的，所以使用 Ctrl 键选中 3 个表，单击"添加"按钮，然后单击"关闭"按钮。

图 8.20　查询结果出现在管理窗口中　　　　　图 8.21　"显示表"对话框

（3）这时，Student、Course、Grade 表都加入到查询设计视图中，如图 8.22 所示。

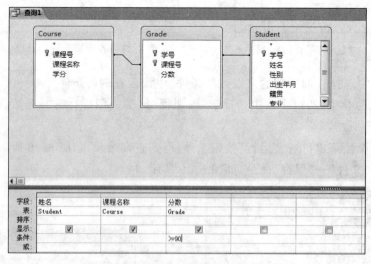

图 8.22　查询设计视图及设置查询条件

（4）在表中选择查询所需的字段，在"条件"中设置查询的条件为"＞＝90"，因为要查

询的是考试优秀的学生,所以字段中选择 Student 表中的姓名和 Course 表中的课程名称
分数条件为"＞＝90",如图 8.22 所示。

　　(5) 选择"文件"→"保存"命令,弹出"另存为"对话框,如图 8.23 所示。

　　(6) 单击工具栏上的"运行"按钮![ ],则得到查询结果,如图 8.24 所示。

图 8.23　"另存为"对话框

图 8.24　查询结果

8.3　思考及操作

　　(1) 利用 Access 2010 创建数据库的方法有哪几种?

　　(2) 学习修改数据表结构的操作方法。

　　(3) 学习修改数据表数据记录的操作方法。

　　(4) 查询所有女生的成绩。

　　(5) 思考查询一个数据范围应该怎么操作。例如,查询数据库成绩在 60～90 分之间
的学生名单。

第 9 章 多媒体技术

9.1 【实验 9-1】 Photoshop 的基本操作

9.1.1 实验目的和要求

（1）掌握启动 Photoshop 的方法。
（2）熟悉 Photoshop 的工作界面。
（3）掌握 Photoshop 中裁剪图片和调整图片尺寸的方法。
（4）掌握 Photoshop 中编排文字的方法。
（5）掌握 Photoshop 中存储文件和输出图片的方法。

9.1.2 实验内容和步骤

1. 启动 Photoshop CS5

启动 Photoshop 通常有两种方法。
（1）选择"开始"→"所有程序"命令，找到 Adobe Photoshop CS5 并单击，即可启动，界面如图 9.1 所示。

图 9.1　Photoshop CS5 工作界面

（2）双击桌面上的 Photoshop 快捷图标，也可启动 Photoshop。

2. Photoshop 工作界面介绍

Photoshop CS5 的工作界面，主要由标题栏、菜单栏、工具箱、工具属性栏、图像窗口和调色板等组成。

（1）标题栏。位于界面顶部，其左侧显示了 Photoshop CS5 程序的图标和一些常用工具按钮，最右边是 3 个窗口控制按钮，通过单击它们可以将窗口最小化、最大化和关闭。

（2）菜单栏。位于标题栏下方，Photoshop CS5 将其大部分命令分类放在了菜单栏的不同菜单中，如"文件"、"编辑"、"图像"、"图层"、"选择"、"滤镜"、"视图"、"窗口"等。要执行某项功能，可首先单击主菜单名打开一个下拉菜单，然后继续选择单击某个菜单项即可。

（3）工具箱。Photoshop CS5 的工具箱中包含了 70 余种工具。这些工具大致可分为选区制作工具、绘画工具、修饰工具、颜色设置工具及显示控制工具等几类，通过这些工具可以方便地编辑图像。一般情况下，要使用某种工具，只需单击该工具即可。另外，部分工具的右下角带有黑色小三角，表示该工具中隐藏着其他工具。在该工具上按住鼠标左键不放，可从弹出的工具列表中选择其他工具。

（4）工具属性栏。当用户从工具箱中选择某个工具后，在菜单栏下方的工具属性栏中会显示该工具的属性和参数，利用它可设置工具的相关参数。当然，当前选择的工具不同，属性栏内容也不相同。

（5）图像窗口。用来显示和编辑图像文件。默认情况下，Photoshop 使用选项卡的方式来组织打开或新建的图像，每个图像都有自己的标签，上面显示了图像名称、显示比例、色彩模式和通道等信息。当用户同时打开多个图像时，通过单击图像标签可在各图像之间切换，当前图像的标签将显示为灰白色。

（6）调色板。位于图像窗口右侧。Photoshop CS5 为用户提供了很多调板，分别用来观察信息，选择颜色，管理图层、通道、路径和历史记录等。

（7）状态栏。位于图像窗口底部，由两部分组成，分别显示了当前图像的显示比例和文档大小。用户可在显示比例编辑框中直接修改数值来改变图像的显示比例。

3. 打开文件

在 Photoshop 中可以通过以下几种方法打开一个文件。

（1）选择"文件"→"打开"命令；

（2）在工作区的空白处双击；

（3）使用快捷键 Ctrl+O。

使用上面任意一种方法后，都会弹出"打开"对话框，如图 9.2 所示。选中要打开的文件，单击"打开"按钮即可打开相应的文件。

4. 裁剪图像

在处理图像时，经常会用到 PS 裁剪工具来裁剪图片。下面就来看看对于一幅图像，如何使用 PS 裁剪工具来改变图像大小和尺寸。

（1）打开需要裁剪的图片，如图 9.3 所示。

（2）单击工具箱里面的"裁剪"工具命令，或者按键盘上的 C 键裁剪，图片上出现裁剪

图 9.2 "打开"对话框

图 9.3 打开需要裁剪的图片

图标,按住鼠标左键画好需要保留的区域,如图 9.4 所示。再按下 Enter 键即可将图片按照所画区域裁剪,点击"文件"→"存储"可将裁剪后的图片存储在计算机指定位置,如图 9.5 所示。

图 9.4　利用裁剪工具画出裁剪区

图 9.5　存储已裁剪的图片

5. 调整图像的大小

在很多实际应用中需要改变图片的尺寸和大小,如某报名网站在上传登记照时规定登记照大小不能超过 50KB,照片尺寸建议为 320×480,这些都可以通过 Photoshop 轻松实现。

(1) 打开需要调整的图片,如图 9.6 所示。

(2) 选择"图像"→"图像大小"命令,弹出如图 9.7 所示的对话框。

(3) 选中"约束比例"复选框,则调整尺寸大小时宽和高按照原比例调整;不选中该复选框,则宽和高可由用户自己指定,但调整的图像可能出现比例失衡的现象。此处选中"约束比例",将宽度改成 320 像素,则高度自动变为 394 像素,此时在窗体上方会显示调整后和调整前的图片大小,如图 9.8 所示。

图 9.6　打开需要调整的图片

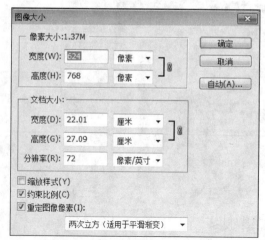

图 9.7　调整图像大小对话框

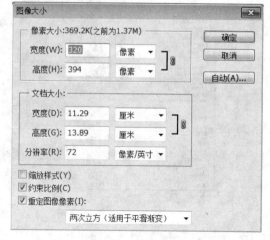

图 9.8　按照比例调整图像大小

（4）单击"确定"按钮，完成图片的调整操作。选择"文件"→"存储为"命令，可将调整后的图片以指定的格式另存在指定位置，如图 9.9 所示。

在实际应用中，可将图片的裁剪和调整工具结合使用，以制作出符合实际需求的大小和分辨率的图片。

6. 在图片上编排文字

在自己制作图片时往往需要在图片上添加一些特定效果的文字，在 Photoshop 中可通过以下步骤来实现。

（1）打开需要添加文字的图片，如图 9.10 所示。

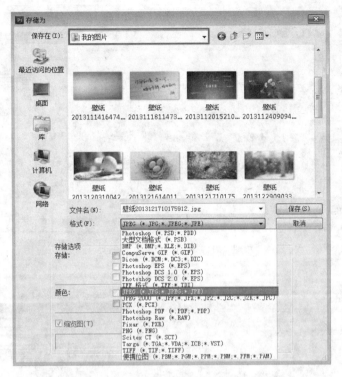

图 9.9　指定调整后图片的格式和位置

图 9.10　打开需添加文字的图片

（2）在左边工具栏中找到一个 T 字图标，长按左键出现子菜单，如图 9.11 所示。这里选择"横排文字工具"，然后把光标移到图片的任意位置，就可以输入文字了，如图 9.12 所示。

（3）对输入的文字进行效果调整，先选中所需调整的文字，在快捷键栏可对文字的字体、字号、颜色、形状等进行调节，如图 9.13 所示为调整后的效果。

图 9.11　选择文字输入工具

图 9.12　输入文字

图 9.13　调整文字的各项属性

（4）如果需要更改文字,在界面右侧的图层栏中选中文字的图层,就可以进行更改,如需移动文字位置,选中工具栏中的第一个箭头图标,即可通过鼠标移动文字位置。

（5）文字添加完成后,选择"文件"→"存储为"命令,将文件存储为图片格式,如 jpg、png 等。同时将工程文件（.psd 文件）存储在计算机上,以便以后在此基础上做进一步更改。

9.2 【实验 9-2】 Flash 动画制作

9.2.1 实验目的和要求

（1）掌握启动 Flash CS5 的方法。
（2）熟悉 Flash CS5 的工作界面。
（3）掌握 Flash CS5 中动作补间动画的制作方法。
（4）掌握 Flash CS5 中形状补间动画的制作方法。
（5）掌握 Flash CS5 的保存和输出方法。

9.2.2 实验内容和步骤

1. 启动 Flash CS5

启动 Photoshop 通常有两种方法。

（1）选择"开始"→"所有程序"命令,找到 Adobe Flash CS5 并单击,即可启动,界面如图 9.14 所示。

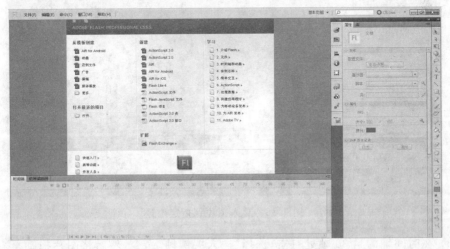

图 9.14 Flash CS5 工作界面

（2）双击桌面上的 Flash 快捷图标,也可启动 Flash CS5。

2. 制作动作补间动画

（1）打开 Flash CS5，在开始页面单击"新建"下的 ActionScript 3.0，打开设计界面，如图 9.15 所示。

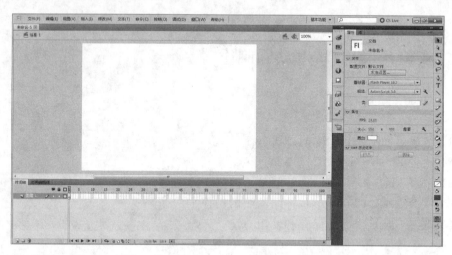

图 9.15 新建 ActionScript 3.0 工作区

（2）选择"文件"→"打开"命令，选择一个图形，并将其拖动到左侧中间位置，如图 9.16 所示。右击该图形，在快捷菜单中选择"转换为元件"命令，在弹出的对话框中设置类型为图形，并为元件命名，然后单击"确认"按钮。

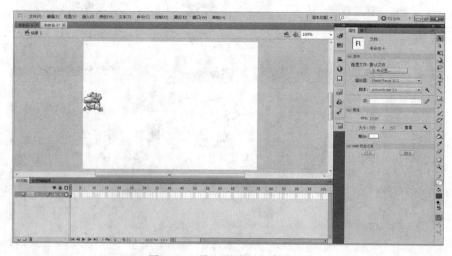

图 9.16 导入图片到指定位置

（3）在时间轴的第 30 帧处右击，选择"插入关键帧"命令，然后将图片拖动至右侧，如图 9.17 所示。

（4）在时间轴的第 1～30 帧中的任意位置右击，选择"创建传统补间"命令，会出现蓝色过渡帧和自左向右的箭头，如图 9.18 所示。

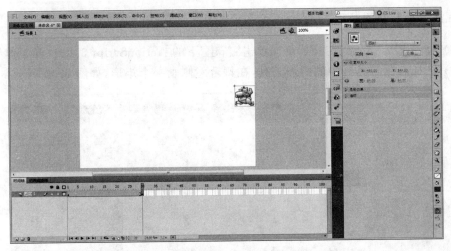

图 9.17 插入关键帧

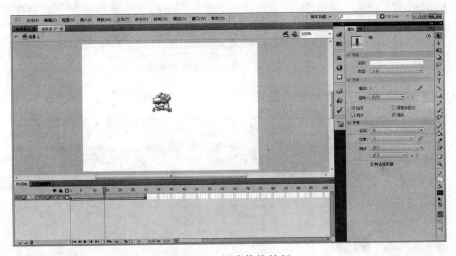

图 9.18 创建传统补间

（5）选择"控制"→"测试场景"命令，或者直接按 Ctrl＋Alt＋Enter 组合键，效果如图 9.19 所示。

图 9.19 动作补间动画效果

3. 制作形状补间动画

(1) 打开 Flash CS5,在开始页面单击"新建"下的 ActionScript 3.0,打开工作界面。

(2) 选择右侧工具栏中的矩形工具,在舞台左侧画一个矩形,如图 9.20 所示。

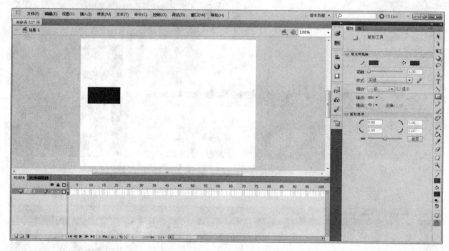

图 9.20 利用矩形工具绘制矩形

(3) 在时间轴上的 45 帧附近右击,选择"插入空白关键帧"命令,如图 9.21 所示。

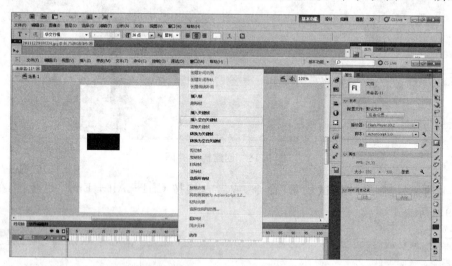

图 9.21 插入空白关键帧

(4) 选择左侧工具栏中的椭圆工具,在舞台中间位置画一个圆,如图 9.22 所示。

(5) 在时间轴的 15 帧附近右击,选择"创建补间形状"命令,如图 9.23 所示。

(6) 选择"控制"→"测试场景"命令,可测试实际矩形渐变为圆形的效果,如图 9.24 所示。

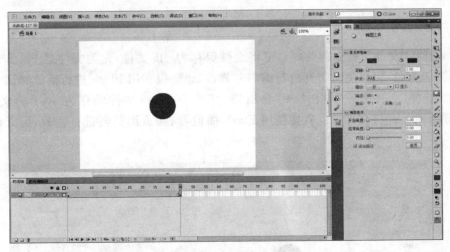

图 9.22 利用椭圆工具绘制圆形

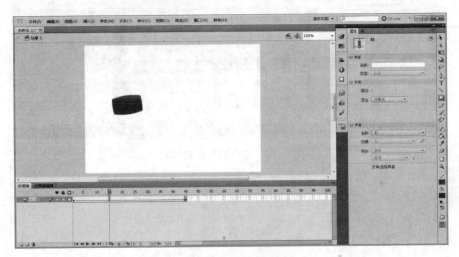

图 9.23 创建补间形状

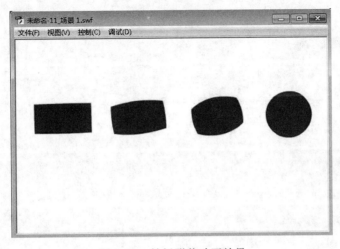

图 9.24 补间形状动画效果

4. 文件的保存和输出

（1）选择"文件"→"保存"命令，可将文件保存为.fla 文件，此类文件是 Flash 软件所能编辑的源文件，可以随时打开进行编辑和修改，也可以利用 Flash 进行播放测试。

（2）选择"文件"→"导出"→"导出影片"命令，可将文件保存为.swf 的文件，如图 9.25 所示。此类文件可以直接使用 Flash 播放器、网页浏览器进行播放，但无法再次修改。

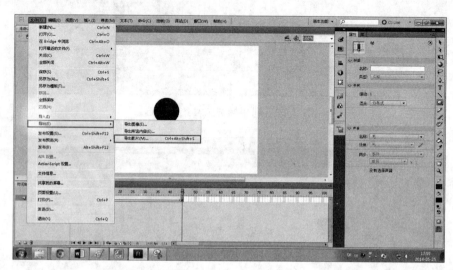

图 9.25　导出制作好的影片

附录 A   2012 年 9 月计算机等级考试二级公共基础知识试题及答案

A.1   选择题

1. 下列链表中,其逻辑结构属于非线性结构的是(   )。

    A. 二叉链表   B. 循环链表   C. 双向链表   D. 带链的栈

2. 设循环队列的存储空间为 $Q(1:35)$,初始状态为 front＝rear＝35。现经过一系列入队与出队运算后,front＝15,rear＝15,则循环队列中的元素个数为(   )。

    A. 15   B. 16   C. 20   D. 0 或 35

3. 下列关于栈的叙述中,正确的是(   )。

    A. 栈底元素一定是最后入栈的元素   B. 栈顶元素一定是最先入栈的元素
    C. 栈操作遵循先进后出的原则   D. 以上 3 种说法都不对

4. 在关系数据库中,用来表示实体间联系的是(   )。

    A. 属性   B. 二维表   C. 网状结构   D. 树状结构

5. 公司中有多个部门和多名职员,每个职员只能属于一个部门,一个部门可以有多名职员,则实体部门和职员间的联系是(   )联系。

    A. 1∶1   B. $m∶1$ C. 1∶m D. $m∶n$

6. 有两个关系 R 和 S 如下:

	R	
A	B	C
a	1	2
b	2	1
c	3	1

	S	
A	B	C
c	3	1

则由关系 R 得到关系 S 的操作是(   )。

    A. 选择   B. 投影   C. 自然连接   D. 并

7. 数据字典(DD)所定义的对象都包含于(   )。

    A. 数据流图(DFD 图)   B. 程序流程图
    C. 软件结构图   D. 方框图

8. 软件需求规格说明书的作用不包括(   )。

    A. 软件验收的依据
    B. 用户与开发人员对软件要做什么的共同理解
    C. 软件设计的依据
    D. 软件可行性研究的依据

9. 下面属于黑盒测试的方法是(   )。

  A. 语句覆盖   B. 逻辑覆盖   C. 边界值分析   D. 路径覆盖

10. 下面不属于软件设计阶段任务的是(   )。

  A. 软件总体设计   B. 算法设计

  C. 制订软件确认测试计划   D. 数据库设计

A.2   填空题

  1. 一棵二叉树共有 47 个结点,其中有 23 个度为 2 的结点。假设根结点在第 1 层,则该二叉树的深度为_____。

  2. 设栈的存储空间为 $S(1:40)$,初始状态为 bottom=0,top=0。现经过一系列入栈与出栈运算后,top=20,则当前栈中有_____个元素。

  3. 数据独立性分为逻辑独立性和物理独立性。当总体逻辑结构改变时,其局部逻辑结构可以不变,从而根据局部逻辑结构编写的应用程序不必修改,称为_____。

  4. 关系数据库中能实现的专门关系运算包括_____、连接和投影。

  5. 软件按功能通常可以分为应用软件、系统软件和支撑软件(或工具软件)。UNIX操作系统属于_____软件。

  选择题答案   1～10   ADCBC   AADCC

  填空题答案   1. 6   2. 20   3. 逻辑独立性   4. 选择   5. 系统

附录 B　2012 年 3 月计算机等级考试二级公共基础知识试题及答案

B.1　选择题

1. 下列叙述正确的是（　　）。
   A. 循环队列是队列的一种链式存储结构
   B. 循环队列是队列的一种顺序存储结构
   C. 循环队列是非线性结构
   D. 循环队列是一种逻辑结构

2. 下列叙述正确的是（　　）。
   A. 栈是一种先进先出的线性表　　　　　　B. 队列是一种后进后出的线性表
   C. 栈和队列都是非线性结构　　　　　　　D. 以上 3 种说法都不对

3. 一棵二叉树共有 25 个结点，其中 5 个是叶子结点，则度为 1 的结点数为（　　）。
   A. 16　　　　　　　　B. 10　　　　　　　　C. 6　　　　　　　　D. 4

4. 在下列模式中，能够给出数据库物理存储结构与物理存取方法的是（　　）。
   A. 外模式　　　　　　B. 内模式　　　　　　C. 概念模式　　　　　　D. 逻辑模式

5. 在满足实体完整性约束的条件下（　　）。
   A. 一个关系中应该有一个或多个候选关键字
   B. 一个关系中只能有一个候选关键字
   C. 一个关系中不许有多个候选关键字
   D. 一个关系中可以没有候选关键字

6. 有 3 个关系 R、S 和 T 如下：

R		
A	B	C
a	1	2
b	2	1
c	3	1

S		
A	B	C
a	1	2
d	2	1

T		
A	B	C
B	2	1
C	3	1

则由关系 R 和 S 得到关系 T 的操作是（　　）。
   A. 自然连接　　　　　　B. 并　　　　　　　C. 交　　　　　　　D. 差

7. 软件生命周期中的活动不包括（　　）。
   A. 市场调研　　　　　　B. 需求分析　　　　　　C. 软件测试　　　　　　D. 软件维护

8. 下面不属于需求分析阶段任务的是（　　）。
   A. 确定软件系统的功能需求　　　　　　　B. 确定软件系统的性能需求
   C. 需求规格说明书评审　　　　　　　　　D. 制订软件集成测试计划

9. 在测试方法中,设计测试用例的主要根据是( )。

    A. 程序内部逻辑   B. 程序外部功能

    C. 程序数据结构   D. 程序流程图

10. 在软件设计中不使用的工具是( )。

    A. 系统结构图   B. PAD 图

    C. 数据流图(DFD 图)   D. 程序流程图

B.2 填空题

1. 在长度为 n 的顺序存储的线性表中删除一个元素,最坏情况下需要移动表中的元素个数为_____。

2. 设循环队列的存储空间为 $Q(1:30)$,初始状态为 front=rear=30. 现经过一系列入队与出队运算后,front=16,rear=15,则循环队列中有_____个元素。

3. 数据库管理系统提供的数据语言中,负责数据的增、删、改和查询的是_____。

4. 在将 E-R 图转换到关系模式时,实体和联系都可以表示成_____。

5. 常见的软件工程方法有结构化方法和面向对象方法,类、继承以及多态性等概念属于_____。

选择题答案 1~10 ADABA DADBC

填空题答案 1. $n-1$ 2. 29   3. 数据操纵语言   4. 关系   5. 面向对象方法

附录 C　2011 年 9 月计算机等级考试二级公共基础知识试题及答案

C.1　选择题

1. 下列叙述中正确的是(　　)。
   A. 算法就是程序
   B. 设计算法时只需要考虑数据结构的设计
   C. 设计算法时只需要考虑结果的可靠性
   D. 以上 3 种说法都不对

2. 下列关于线性链表的叙述中,正确的是(　　)。
   A. 各数据结点的存储空间可以不连续,但它们的存储顺序与逻辑顺序必须一致
   B. 各数据结点的存储顺序与逻辑顺序可以不一致,但它们的存储空间必须连续
   C. 进行插入与删除时,不需要移动表中的元素
   D. 以上 3 种说法都不对

3. 下列关于二叉树的叙述中,正确的是(　　)。
   A. 叶子结点总是比度为 2 的结点少一个
   B. 叶子结点总是比度为 2 的结点多一个
   C. 叶子结点数是度为 2 的结点数的两倍
   D. 度为 2 的结点数是度为 1 的结点数的两倍

4. 软件按功能可以分为应用软件、系统软件和支撑软件(或工具软件)。下面属于应用软件的是(　　)。
   A. 学生成绩管理系统 　　　　　　　　B. C 语言编译程序
   C. UNIX 操作系统 　　　　　　　　　D. 数据库管理系统

5. 某系统总体结构图如图 C.1 所示。

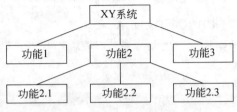

图 C.1　系统总体结构图

该系统总体结构图的深度是(　　)。
   A. 7 　　　　　　　B. 6 　　　　　　　C. 3 　　　　　　　D. 2

6. 程序调试的任务是(　　)。

    A. 设计测试用例   B. 验证程序的正确性

    C. 发现程序中的错误   D. 诊断和改正程序中的错误

7. 下列关于数据库设计的叙述中,正确的是( )。

    A. 在需求分析阶段建立数据字典   B. 在概念设计阶段建立数据字典

    C. 在逻辑设计阶段建立数据字典   D. 在物理设计阶段建立数据字典

8. 数据库系统的三级模式不包括( )。

    A. 概念模式   B. 内模式   C. 外模式   D. 数据模式

9. 有三个关系 R、S 和 T 如下:

R		
A	B	C
a	1	2
b	2	1
c	3	1

S		
A	B	C
a	1	2
b	2	1

T		
A	B	C
c	3	1

则由关系 R 和 S 得到关系 T 的操作是( )。

    A. 自然连接   B. 差   C. 交   D. 并

10. 下列选项中属于面向对象设计方法主要特征的是( )。

    A. 继承   B. 自顶向下   C. 模块化   D. 逐步求精

C. 2 填空题

1. 数据结构分为线性结构与非线性结构,带链的栈属于_____。

2. 在长度为 n 的顺序存储的线性表中插入一个元素,最坏情况下需要移动表中_____个元素。

3. 常见的软件开发方法有结构化方法和面向对象方法。对某应用系统经过需求分析建立数据流图(DFD),则应采用_____方法。

4. 数据库系统的核心是_____。

5. 在进行关系数据库的逻辑设计时,E-R 图中的属性常被转换为关系中的属性,联系通常被转换为_____。

选择题答案   1~10   DCBAC   DADBA

填空题答案   1. 线性结构   2. n 3. 结构化   4. 数据库管理系统

                5. 关系

附录 D 2011 年 3 月计算机等级考试二级公共基础知识试题及答案

D.1 选择题

1. 下列关于栈叙述正确的是(　　)。
   A. 栈顶元素最先能被删除
   B. 栈顶元素最后才能被删除
   C. 栈底元素永远不能被删除
   D. 以上 3 种说法都不对

2. 下列叙述中正确的是(　　)。
   A. 有一个以上根结点的数据结构不一定是非线性结构
   B. 只有一个根结点的数据结构不一定是线性结构
   C. 循环链表是非线性结构
   D. 双向链表是非线性结构

3. 某二叉树共有 7 个结点,其中叶子结点只有 1 个,则该二叉树的深度为(假设根结点在第 1 层)(　　)。
   A. 3
   B. 4
   C. 6
   D. 7

4. 在软件开发中,需求分析阶段产生的主要文档是(　　)。
   A. 软件集成测试计划
   B. 软件详细设计说明书
   C. 用户手册
   D. 软件需求规格说明书

5. 结构化程序所要求的基本结构不包括(　　)。
   A. 顺序结构
   B. GOTO 跳转
   C. 选择(分支)结构
   D. 重复(循环)结构

6. 下面描述中错误的是(　　)。
   A. 系统总体结构图支持软件系统的详细设计
   B. 软件设计是将软件需求转换为软件表示的过程
   C. 数据结构与数据库设计是软件设计的任务之一
   D. PAD 图是软件详细设计的表示工具

7. 负责数据库中查询操作的数据库语言是(　　)。
   A. 数据定义语言
   B. 数据管理语言
   C. 数据操纵语言
   D. 数据控制语言

8. 一个教师可讲授多门课程,一门课程可由多个教师讲授,则实体教师和课程间的联系是(　　)。
   A. 1 : 1 联系
   B. 1 : m 联系
   C. m : 1 联系
   D. m : n 联系

9. 有 3 个关系 R、S 和 T 如下:

	R	
A	B	C
A	1	2
B	2	1
C	3	1

	S
A	B
c	3

T
C
1

则由关系 R 和 S 得到关系 T 的操作是( )。

    A. 自然连接   B. 交   C. 除   D. 并

D.2 填空题

1. 有序线性表能进行二分查找的前提是该线性表必须是_____存储的。

2. 一棵二叉树的中序遍历结果为 DBEAFC,前序遍历结果为 ABDECF,则后序遍历结果为_____。

3. 对软件设计的最小单位(模块或程序单元)进行的测试通常称为_____测试。

4. 实体完整性约束要求关系数据库中元组的_____属性值不能为空。

5. 在关系 A(S,SN,D)和关系 B(D,CN,NM)中,A 的主关键字是 S,B 的主关键字是 D,则称_____是关系 A 的外码。

选择题答案 1~9 AADDB BCDC

填空题答案 1. 顺序   2. DEBFCA   3. 单元   4. 主键   5. D

附录 E 2010 年 9 月计算机等级考试二级公共基础知识试题及答案

E.1 选择题

1. 下列叙述中正确的是(　　)。
   A. 线性表的链式存储结构与顺序存储结构所需要的存储空间是相同的
   B. 线性表的链式存储结构所需要的存储空间一般要多于顺序存储结构
   C. 线性表的链式存储结构所需要的存储空间一般要少于顺序存储结构
   D. 上述 3 种说法都不对

2. 下列叙述中正确的是(　　)。
   A. 在栈中,栈中元素随栈底指针与栈顶指针的变化而动态变化
   B. 在栈中,栈顶指针不变,栈中元素随栈底指针的变化而动态变化
   C. 在栈中,栈底指针不变,栈中元素随栈顶指针的变化而动态变化
   D. 上述 3 种说法都不对

3. 软件测试的目的是(　　)。
   A. 评估软件可靠性　　　　　　　　　B. 发现并改正程序中的错误
   C. 改正程序中的错误　　　　　　　　D. 发现程序中的错误

4. 下面描述中,不属于软件危机表现的是(　　)。
   A. 软件过程不规范　　　　　　　　　B. 软件开发生产率低
   C. 软件质量难以控制　　　　　　　　D. 软件成本不断提高

5. 软件生命周期是指(　　)。
   A. 软件产品从提出、实现、使用维护到停止使用退役的过程
   B. 软件从需求分析、设计、实现到测试完成的过程
   C. 软件的开发过程
   D. 软件的运行维护过程

6. 面向对象方法中,继承是指(　　)。
   A. 一组对象所具有的相似性质　　　　B. 一个对象具有另一个对象的性质
   C. 各对象之间的共同性质　　　　　　D. 类之间共享属性和操作的机制

7. 层次型、网状型和关系型数据库划分原则是(　　)。
   A. 记录长度　　　　　　　　　　　　B. 文件的大小
   C. 联系的复杂程度　　　　　　　　　D. 数据之间的联系方式

8. 一个工作人员可以使用多台计算机,而一台计算机可被多个人使用,则实体工作人员与实体计算机之间的联系是(　　)。
   A. 一对一　　　　　B. 一对多　　　　　C. 多对多　　　　　D. 多对一

9. 数据库设计中反映用户对数据要求的模式是(　　)。

    A. 内模式　　　　　　B. 概念模式　　　　　　C. 外模式　　　　　　D. 设计模式

10. 有三个关系 R、S 和 T 如下：

	R			S			T		
A	B	C		A	D		A	B	C	D
a	1	2		c	4		c	3	1	4
b	2	1								
c	3	1								

则由关系 R 和 S 得到关系 T 的操作是(　　)。

    A. 自然连接　　　　　B. 交　　　　　　　　C. 投影　　　　　　　D. 并

E.2　填空题

1. 一个栈的初始状态为空。首先将元素 5、4、3、2、1 依次入栈，然后退栈一次，再将元素 A、B、C、D 依次入栈，之后将所有元素全部退栈，则所有元素退栈(包括中间退栈的元素)的顺序为_____。

2. 在长度为 n 的线性表中，寻找最大项至少需要比较_____次。

3. 一棵二叉树有 10 个度为 1 的结点，7 个度为 2 的结点，则该二叉树共有_____个结点。

4. 仅由顺序、选择(分支)和重复(循环)结构构成的程序是_____程序。

5. 数据库设计的 4 个阶段是需求分析、概念设计、逻辑设计、_____。

选择题答案　1~10　BCDAA　DDCCA
填空题答案　1. 1DCBA2345　　2. $n-1$　　3. 25　　4. 结构化　　5. 物理设计

附录 F　2010年3月计算机等级考试二级公共基础知识试题及答案

F.1　选择题

1. 下列叙述中正确的是(　　)。
   A. 对长度为 n 的有序链表进行查找,最坏情况下需要的比较次数为 n
   B. 对长度为 n 的有序链表进行对分查找,最坏情况下需要的比较次数为 $(n/2)$
   C. 对长度为 n 的有序链表进行对分查找,最坏情况下需要的比较次数为 $(\log_2 n)$
   D. 对长度为 n 的有序链表进行对分查找,最坏情况下需要的比较次数为 $(n\log_2 n)$

2. 算法的时间复杂度是指(　　)。
   A. 算法的执行时间
   B. 算法所处理的数据量
   C. 算法程序中的语句或指令条数
   D. 算法在执行过程中所需要的基本运算次数

3. 软件按功能可以分为应用软件、系统软件和支撑软件(或工具软件)。下面属于系统软件的是(　　)。
   A. 编辑软件　　　　　B. 操作系统　　　　　C. 教务管理系统　　　D. 浏览器

4. 软件(程序)调试的任务是(　　)。
   A. 诊断和改正程序中的错误　　　　　　B. 尽可能多地发现程序中的错误
   C. 发现并改正程序中的所有错误　　　　D. 确定程序中错误的性质

5. 数据流程图(DFD图)是(　　)。
   A. 软件概要设计的工具　　　　　　　　B. 软件详细设计的工具
   C. 结构化方法的需求分析工具　　　　　D. 面向对象方法的需求分析工具

6. 软件生命周期可分为定义阶段、开发阶段和维护阶段。详细设计属于(　　)。
   A. 定义阶段　　　　　　　　　　　　　B. 开发阶段
   C. 维护阶段　　　　　　　　　　　　　D. 上述3个阶段

7. 数据库管理系统中负责数据模式定义的语言是(　　)。
   A. 数据定义语言　　　　　　　　　　　B. 数据管理语言
   C. 数据操纵语言　　　　　　　　　　　D. 数据控制语言

8. 在学生管理的关系数据库中,存取一个学生信息的数据单位是(　　)。
   A. 文件　　　　　　　B. 数据库　　　　　　C. 字段　　　　　　　D. 记录

9. 数据库设计中,用 E-R 图来描述信息结构但不涉及信息在计算机中的表示,它属于数据库设计的(　　)。

A. 需求分析阶段　　　　　　　　　　B. 逻辑设计阶段

C. 概念设计阶段　　　　　　　　　　D. 物理设计阶段

10. 有两个关系 R 和 T 如下：

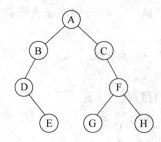

R		
A	B	C
a	1	2
b	2	2
c	3	2
d	3	2

T		
A	B	C
c	3	2
d	3	2

则由关系 R 得到关系 T 的操作是(　　)。

A. 选择　　　　　　B. 投影　　　　　　C. 交　　　　　　D. 并

F.2　填空题

1. 一个队列的初始状态为空。现将元素 A、B、C、D、E、F、5、4、3、2、1 依次入队，然后再依次出队，则元素退队的顺序为_____。

2. 设某循环队列的容量为 50，如果头指针 front=45(指向队头元素的前一位置)，尾指针 rear=10(指向队尾元素)，则该循环队列中共有_____个元素。

3. 设二叉树如下：

对该二叉树进行后序遍历的结果为_____。

4. 软件是_____、数据和文档的集合。

5. 有一个学生选课的关系，其中学生的关系模式为学生(学号，姓名，班级，年龄)，课程的关系模式为课程(课号，课程名，学时)，其中两个关系模式的键分别是学号和课号，则关系模式选课可定义为：选课(学号，_____，成绩)。

选择题答案　　1~10　ADBAC　　　BADAA

填空题答案　　1. ABCDE54321　　　2. 15　　　3. EDBGHFCA　　　4. 程序

　　　　　　　　5. 课号

附录 G 2009 年 9 月计算机等级考试二级公共基础知识试题及答案

G.1 选择题

1. 下列数据结构中,属于非线性结构的是( )。
   A. 循环队列　　　　B. 带链队列　　　　C. 二叉树　　　　D. 带链栈

2. 下列数据结构中,能够按照"先进后出"原则存取数据的是( )。
   A. 循环队列　　　　B. 栈　　　　C. 队列　　　　D. 二叉树

3. 对于循环队列,下列叙述中正确的是( )。
   A. 队头指针是固定不变的
   B. 队头指针一定大于队尾指针
   C. 队头指针一定小于队尾指针
   D. 队头指针可以大于队尾指针,也可以小于队尾指针

4. 算法的空间复杂度是指( )。
   A. 算法在执行过程中所需要的计算机存储空间
   B. 算法所处理的数据量
   C. 算法程序中的语句或指令条数
   D. 算法在执行过程中所需要的临时工作单元数

5. 软件设计中划分模块的一个准则是( )。
   A. 低内聚低耦合　　　　　　　　B. 高内聚低耦合
   C. 低内聚高耦合　　　　　　　　D. 高内聚高耦合

6. 下列选项中不属于结构化程序设计原则的是( )。
   A. 可封装　　　　B. 自顶向下　　　　C. 模块化　　　　D. 逐步求精

7. 软件详细设计产生的图如下:

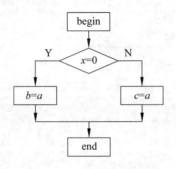

该图是( )。
   A. N-S 图　　　　B. PAD 图　　　　C. 程序流程图　　　　D. E-R 图

8. 数据库管理系统是( )。

    A. 操作系统的一部分   B. 在操作系统支持下的系统软件

    C. 一种编译系统   D. 一种操作系统

9. 在 E-R 图中,用来表示实体联系的图形是( )。

    A. 椭圆图   B. 矩形   C. 菱形   D. 三角形

10. 有三个关系 R,S 和 T 如下:

	R				S				T	
A	B	C		A	B	C		A	B	C
a	1	2		d	3	2		a	1	2
b	2	1						b	2	1
c	3	1						c	3	1
								d	3	2

其中关系 T 由关系 R 和 S 通过某种操作得到,该操作为( )。

    A. 选择   B. 投影   C. 交   D. 并

G.2 填空题

1. 某二叉树有 5 个度为 2 的结点以及 3 个度为 1 的结点,则该二叉树中共有_____个结点。

2. 程序流程图中的菱形框表示的是_____。

3. 软件开发过程主要分为需求分析、设计、编码与测试 4 个阶段,其中_____阶段产生"软件需求规格说明书"。

4. 在数据库技术中,实体集之间的联系可以是一对一或一对多或多对多,那么"学生"和"可选课程"的联系为_____。

5. 人员基本信息一般包括身份证号、姓名、性别、年龄等。其中可以作为主关键字的是_____。

选择题答案   1~10   CBDAB   ACBCD

填空题答案   1. 14   2. 逻辑条件   3. 需求分析   4. 多对多   5. 身份证号

附录 H 2009 年 3 月计算机等级考试二级公共基础知识试题及答案

H.1 选择题

1. 下列叙述中正确的是（   ）。
   A. 栈是先进先出（FIFO）的线性表
   B. 队列是先进后出（FILO）的线性表
   C. 循环队列是非线性结构
   D. 有序线性表既可以采用顺序存储结构，又可以采用链式存储结构

2. 支持子程序调用的数据结构是（   ）。
   A. 栈   B. 树   C. 队列   D. 二叉树

3. 某二叉树有 5 个度为 2 的结点，则该二叉树中的叶子结点数是（   ）。
   A. 10   B. 8   C. 6   D. 4

4. 下列排序方法中，最坏情况下比较次数最少的是（   ）。
   A. 冒泡排序   B. 简单选择排序   C. 直接插入排序   D. 堆排序

5. 软件按功能可以分为应用软件、系统软件和支撑软件（或工具软件）。下面属于应用软件的是（   ）。
   A. 编译软件   B. 操作系统   C. 教务管理系统   D. 汇编程序

6. 下面叙述中错误的是（   ）。
   A. 软件测试的目的是发现错误并改正错误
   B. 对被调试的程序进行"错误定位"是程序调试的必要步骤
   C. 程序调试通常也称为 Debug
   D. 软件测试应严格执行测试计划，排除测试的随意性

7. 耦合性和内聚性是对模块独立性度量的两个标准。下列叙述中正确的是（   ）。
   A. 提高耦合性降低内聚性有利于提高模块的独立性
   B. 降低耦合性提高内聚性有利于提高模块的独立性
   C. 耦合性是指一个模块内部各个元素间彼此结合的紧密程度
   D. 内聚性是指模块间互相连接的紧密程度

8. 数据库应用系统中的核心问题是（   ）。
   A. 数据库设计   B. 数据库系统设计
   C. 数据库维护   D. 数据库管理员培训

9. 有两个关系 R、S 如下：

R		
A	B	C
a	3	2
b	0	1
c	2	1

S	
A	B
a	3
b	0
c	2

由关系 R 通过运算得到关系 S,则所使用的运算为( )。

    A. 选择   B. 投影   C. 插入   D. 连接

10. 将 E-R 图转换为关系模式时,实体和联系都可以表示为( )。

    A. 属性   B. 键   C. 关系   D. 域

H.2　填空题

1. 假设一个长度为 50 的数组(数组元素的下标从 0 到 49)作为栈的存储空间,栈底指针 bottom 指向栈底元素,栈顶指针 top 指向栈顶元素,如果 bottom＝49,top＝30(数组下标),则栈中具有_____个元素。

2. 软件测试可分为白盒测试和黑盒测试。基本路径测试属于_____测试。

3. 符合结构化原则的 3 种基本控制结构是选择结构、循环结构和_____。

4. 数据库系统的核心是_____

5. 在 E-R 图中,图形包括矩形框、菱形框、椭圆框。其中表示实体联系的是_____框。

选择题答案　　1～10　DACDC　ABABC

选择题答案　1. 20　　2. 白盒　　3. 顺序结构　　4. 数据库管理系统

                     5. 菱形

附录Ⅰ 2008年9月计算机等级考试二级公共基础知识试题及答案

Ⅰ.1 选择题

1. 一个栈的初始状态为空。现将元素 1、2、3、4、5、A、B、C、D、E 依次入栈,然后再依次出栈,则元素出栈的顺序是(   )。

    A. 12345ABCDE   B. EDCBA54321

    C. ABCDE12345   D. 54321EDCBA

2. 下列叙述中正确的是(   )。

    A. 循环队列有队头和队尾两个指针,因此,循环队列是非线性结构

    B. 在循环队列中,只需要队头指针就能反映队列中元素的动态变化情况

    C. 在循环队列中,只需要队尾指针就能反映队列中元素的动态变化情况

    D. 循环队列中元素的个数是由队头和队尾指针共同决定

3. 在长度为 n 的有序线性表中进行二分查找,最坏情况下需要比较的次数是(   )。

    A. $O(n)$ B. $O(n^2)$ C. $O(\log_2 n)$ D. $O(n\log_2 n)$

4. 下列叙述中正确的是(   )。

    A. 顺序存储结构的存储空间一定是连续的,链式存储结构的存储空间不一定是连续的

    B. 顺序存储结构只针对线性结构,链式存储结构只针对非线性结构

    C. 顺序存储结构能存储有序表,链式存储结构不能存储有序表

    D. 链式存储结构比顺序存储结构节省存储空间

5. 数据流图中带有箭头的线段表示的是(   )。

    A. 控制流   B. 事件驱动   C. 模块调用   D. 数据流

6. 在软件开发中,需求分析阶段可以使用的工具是(   )。

    A. N-S 图   B. DFD 图

    C. PAD 图   D. 程序流程图

7. 在面向对象方法中,不属于"对象"基本特点的是(   )。

    A. 一致性   B. 分类性

    C. 多态性   D. 标识唯一性

8. 一间宿舍可住多个学生,则实体宿舍和学生之间的联系是(   )。

    A. 一对一   B. 一对多   C. 多对一   D. 多对多

9. 在数据管理技术发展的 3 个阶段中,数据共享最好的是(   )。

    A. 人工管理阶段   B. 文件系统阶段

    C. 数据库系统阶段   D. 3 个阶段相同

10. 有 3 个关系 R、S 和 T 如下：

	R			S				T	
A	B			B	C		A	B	C
m	1			1	3		m	1	3
n	n			3	5				

由关系 R 和 S 通过运算得到关系 T，则所使用的运算为（   ）。

    A. 笛卡儿积   B. 交   C. 并   D. 自然连接

I.2 填空题

1. 对下列二叉树进行中序遍历的结果是_____。

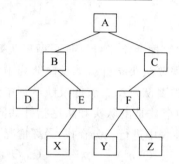

2. 按照软件测试的一般步骤,集成测试应在_____测试之后进行。

3. 软件工程三要素包括方法、工具和过程,其中,_____支持软件开发的各个环节的控制和管理。

4. 数据库设计包括概念设计、_____和物理设计。

5. 在二维表中,元组的_____不能再分成更小的数据项。

选择题答案 1~10 BDCAD   BABCD

选择题答案 1. DBXEAYFZC   2. 单元   3. 过程   4. 逻辑设计

                          5. 分量

附录 J　2008 年 4 月计算机等级考试二级公共基础知识试题及答案

J.1　选择题

1. 程序流程图中只有箭头的线段表示的是(　　)。

    A. 图元关系　　　　B. 数据流　　　　C. 控制流　　　　D. 调用关系

2. 结构化程序设计的基本原则不包括(　　)。

    A. 多态性　　　　　B. 自顶向下　　　　C. 模块化　　　　D. 逐步求精

3. 软件设计中模块划分应遵循的准则是(　　)。

    A. 低内聚低耦合　　　　　　　　　　B. 高内聚低耦合

    C. 低内聚高耦合　　　　　　　　　　D. 高内聚高耦合

4. 在软件开发中,需求分析阶段产生的主要文档是(　　)。

    A. 可行性分析报告　　　　　　　　　B. 软件需求规格说明书

    C. 概要设计说明书　　　　　　　　　D. 集成测试计划

5. 算法的有穷性是指(　　)。

    A. 算法程序的运行时间是有限的

    B. 算法程序所处理的数据量是有限的

    C. 算法程序的长度是有限的

    D. 算法只能被有限的用户使用

6. 对长度为 n 的线性表排序,在最坏情况下,比较次数不是 $n(n-1)/2$ 的排序方法是(　　)。

    A. 简单选择排序　　　　　　　　　　B. 冒泡排序

    C. 直接插入排序　　　　　　　　　　D. 堆排序

7. 下列关于栈的叙述正确的是(　　)。

    A. 栈按"先进先出"组织数据　　　　　B. 栈按"先进后出"组织数据

    C. 只能在栈底插入数据　　　　　　　D. 不能删除数据

8. 在数据库设计中,将 E-R 图转换成关系数据模型的过程属于(　　)。

    A. 需求分析阶段　　　　　　　　　　B. 概念设计阶段

    C. 逻辑设计阶段　　　　　　　　　　D. 物理设计阶段

9. 有 3 个关系 R、S 和 T 如下：

	R				S				T	
B	C	D		B	C	D		B	C	D
a	0	k1		f	3	h2		a	0	k1
b	1	n1		a	0	k1				
				n	2	x1				

由关系 R 和 S 通过运算得到关系 T，则所使用的运算为（   ）。

    A. 并   B. 自然连接   C. 笛卡儿积   D. 交

10. 设有表示学生选课的三张表，学生 S（学号，姓名，性别，年龄，身份证号）、课程 C（课号，课名）、选课 SC（学号，课号，成绩），则表 SC 的关键字（键或码）为（   ）。

    A. 课号，成绩   B. 学号，成绩

    C. 学号，课号   D. 学号，姓名，成绩

J.2 填空题

1. 测试用例包括输入值集和_____值集。

2. 深度为 5 的满二叉树有_____个叶子结点。

3. 设某循环队列的容量为 50，头指针 front＝5（指向队头元素的前一位置），尾指针 rear＝29（指向队尾元素），则该循环队列中共有_____个元素。

4. 在关系数据库中，用来表示实体之间联系的是_____。

5. 在数据库管理系统提供的数据定义语言、数据操纵语言和数据控制语言中，_____负责数据的模式定义与数据的物理存取构建。

选择题答案   1～10   CABBA   DBCDC

填空题答案   1. 输出   2. 16   3. 24   4. 关系   5. 数据定义语言

附录 K　2007 年 9 月计算机等级考试二级公共基础知识试题及答案

K.1　选择题

1. 软件是指（　　）。
   A. 程序
   B. 程序和文档
   C. 算法加数据结构
   D. 程序、数据和相关文档的集合

2. 软件调试的目的是（　　）。
   A. 发现错误
   B. 改正错误
   C. 改善软件的性能
   D. 验证软件的正确性

3. 在面向对象方法中，实现信息隐蔽是依靠（　　）。
   A. 对象的继承
   B. 对象的多态
   C. 对象的封装
   D. 对象的分类

4. 下列叙述中，不符合良好程序设计风格的是（　　）。
   A. 程序的效率第一，清晰第二
   B. 程序的可读性好
   C. 程序中有必要的注释
   D. 输入数据前要有提示信息

5. 下列叙述中正确的是（　　）。
   A. 程序执行的效率与数据的存储结构密切相关
   B. 程序执行的效率只取决于程序的控制结构
   C. 程序执行的效率只取决于所处理的数据量
   D. 以上 3 种说法都不对

6. 下列叙述中正确的是（　　）。
   A. 数据的逻辑结构与存储结构必定是一一对应的
   B. 由于计算机存储空间是向量式的存储结构，因此，数据的存储结构一定是线性结构
   C. 程序设计语言中的数组一般是顺序存储结构，因此，利用数组只能处理线性结构
   D. 以上 3 种说法都不对

7. 冒泡排序在最坏情况下的比较次数是（　　）。
   A. $n(n+1)/2$
   B. $n\log_2 n$
   C. $n(n-1)/2$
   D. $n/2$

8. 一棵二叉树中共有 70 个叶子结点与 80 个度为 1 的结点，则该二叉树中的总结点数为（　　）。
   A. 219
   B. 221
   C. 229
   D. 231

9. 下列叙述中正确的是( )。

   A. 数据库系统是一个独立的系统,不需要操作系统的支持

   B. 数据库技术的根本目标是要解决数据的共享问题

   C. 数据库管理系统就是数据库系统

   D. 以上 3 种说法都不对

K.2 填空题

1. 软件需求规格说明书应具有完整性、无歧义性、正确性、可验证性、可修改性等特性,其中最重要的是_____。

2. 在两种基本测试方法中,_____测试的原则之一是保证所测模块中每一个独立路径至少要执行一次。

3. 线性表的存储结构主要分为顺序存储结构和链式存储结构。队列是一种特殊的线性表,循环队列是队列的_____存储结构。

4. 对下列二叉树进行中序遍历的结果为_____。

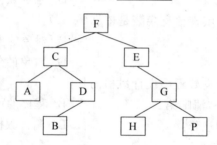

5. 在 E-R 图中矩形表示_____。

选择题答案　1～9　DBCAD　　CCAB

选择题答案　1. 无歧义性　　2. 白盒　　3. 顺序　4. ACBDFEHGP　　5. 实体

附录 L　2007 年 4 月计算机等级考试二级公共基础知识试题及答案

L.1　选择题

1. 下列叙述中正确的是(　　)。
   A. 算法的效率只与问题的规模有关,而与数据的存储结构无关
   B. 算法的时间复杂度是指执行算法所需要的计算工作量
   C. 数据的逻辑结构与存储结构是一一对应的
   D. 算法的时间复杂度与空间复杂度一定相关

2. 在结构化程序设计中,模块划分的原则是(　　)。
   A. 各模块应包括尽量多的功能
   B. 各模块的规模应尽量大
   C. 各模块之间的联系应尽量紧密
   D. 模块内具有高内聚度、模块间具有低耦合度

3. 下列叙述中正确的是(　　)。
   A. 软件测试的主要目的是发现程序中的错误
   B. 软件测试的主要目的是确定程序中错误的位置
   C. 为了提高软件测试的效率,最好由程序编制者自己来完成软件测试的工作
   D. 软件测试是证明软件没有错误

4. 下面选项中不属于面向对象程序设计特征的是(　　)。
   A. 继承性　　　　　B. 多态性　　　　　C. 类比性　　　　　D. 封装性

5. 下列对队列的叙述正确的是(　　)。
   A. 队列属于非线性表　　　　　　　B. 队列按"先进后出"原则组织数据
   C. 队列在队尾删除数据　　　　　　D. 队列按"先进先出"原则组织数据

6. 对下列二叉树,进行前序遍历的结果为(　　)。

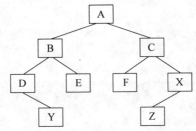

   A. DYBEAFCZX　　　　　　　　　　B. YDEBFZXCA
   C. ABDYECFXZ　　　　　　　　　　D. ABCDEFXYZ

7. 某二叉树中有 n 个度为 2 的结点,则该二叉树中的叶子结点数为(　　　)。

　　A. $n+1$ 　　　　　　　B. $n-1$ 　　　　　　　C. $2n$ 　　　　　　　D. $n/2$

8. 在下列关系运算中,不改变关系表中的属性个数但能减少元组个数的是(　　　)。

　　A. 并 　　　　　　　　　　　　　　　B. 交

　　C. 投影 　　　　　　　　　　　　　　D. 笛卡儿积

9. 在 E-R 图中,用来表示实体之间联系的图形是(　　　)。

　　A. 矩形 　　　　　　　　　　　　　　B. 椭圆形

　　C. 菱形 　　　　　　　　　　　　　　D. 平行四边形

10. 下列叙述中错误的是(　　　)。

　　A. 在数据库系统中,数据的物理结构必须与逻辑结构一致

　　B. 数据库技术的根本目标是要解决数据的共享问题

　　C. 数据库设计是指在已有数据库管理系统的基础上建立数据库

　　D. 数据库系统需要操作系统的支持

L.2 填空题

1. 在深度为 7 的满二叉树中,度为 2 的结点个数为 _____ 。

2. 软件测试分为白箱(盒)测试和黑箱(盒)测试,等价类划分法属于 _____ 测试。

3. 在数据库系统中,实现各种数据管理功能的核心软件称为 _____ 。

4. 软件生命周期可分为多个阶段,一般分为定义阶段、开发阶段和维护阶段。编码和测试属于 _____ 阶段。

5. 在结构化分析使用的数据流图(DFD)中,利用 _____ 对其中的图形元素进行确切解释。

选择题答案　1～10　BDACD　　CACBA

填空题答案　1. 63　　2. 黑盒　　3. DBMS　　4. 开发　　5. 数据字典

附录 M 2006 年 9 月计算机等级考试二级公共基础知识试题及答案

M.1 选择题

1. 下列选项中不符合良好程序设计风格的是（   ）。
   - A. 源程序要文档化
   - B. 数据说明的次序要规范化
   - C. 避免滥用 GOTO 语句
   - D. 模块设计要保证高耦合,高内聚

2. 从工程管理角度,软件设计一般分为两步完成,它们是（   ）。
   - A. 概要设计与详细设计
   - B. 数据设计与接口设计
   - C. 软件结构设计与数据设计
   - D. 过程设计与数据设计

3. 下列选项中不属于软件生命周期开发阶段任务的是（   ）。
   - A. 软件测试
   - B. 概要设计
   - C. 软件维护
   - D. 详细设计

4. 在数据库系统中,用户所见的数据模式为（   ）。
   - A. 概念模式
   - B. 外模式
   - C. 内模式
   - D. 物理模式

5. 数据库设计的 4 个阶段是需求分析、概念设计、逻辑设计和（   ）。
   - A. 编码设计
   - B. 测试阶段
   - C. 运行阶段
   - D. 物理设计

6. 设有如下 3 个关系表

R
A
m
n

S	
B	C
1	3

T		
A	B	C
m	1	3
n	1	3

下列操作中正确的是（   ）。
   - A. $T=R\cap S$
   - B. $T=R\cup S$
   - C. $T=R\times S$
   - D. $T=R/S$

7. 下列叙述中正确的是（   ）。
   - A. 一个算法的空间复杂度大,则其时间复杂度也必定大
   - B. 一个算法的空间复杂度大,则其时间复杂度必定小
   - C. 一个算法的时间复杂度大,则其空间复杂度必定小
   - D. 上述 3 种说法都不对

8. 在长度为 64 的有序线性表中进行顺序查找,最坏情况下需要比较的次数为（   ）。
   - A. 63
   - B. 64
   - C. 6
   - D. 7

9. 数据库技术的根本目标是要解决数据的（   ）。
   - A. 存储问题
   - B. 共享问题
   - C. 安全问题
   - D. 保护问题

10. 对下列二叉树进行中序遍历的结果是（   ）。

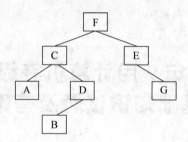

A. ACBDFEG   B. ACBDFGE

C. ABDCGEF   D. FCADBEG

M.2 填空题

1. 下列软件系统结构图的宽度为_____。

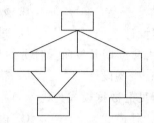

2. _____的任务是诊断和改正程序中的错误。

3. 一个关系表的行称为 _____。

4. 按"先进后出"原则组织数据的数据结构是_____。

5. 数据结构分为线性数据结构和非线性数据结构，带链的队列属于_____。

选择题答案 1～10 DACBD CDBBA
填空题答案 1.3 2.调试 3.元组 4.栈 5.线性

附录 N 2006 年 4 月计算机等级考试二级公共基础知识试题及答案

N.1 选择题

1. 下列选项中不属于结构化程序设计方法的是(   )。
   A. 自顶向下   B. 逐步求精   C. 模块化   D. 可复用

2. 两个或两个以上模块之间关联的紧密程度称为(   )。
   A. 耦合度   B. 内聚度
   C. 复杂度   D. 数据传输特性

3. 下列叙述中正确的是(   )。
   A. 软件测试应该由程序开发者来完成   B. 程序经调试后一般不需要再测试
   C. 软件维护只包括对程序代码的维护   D. 以上 3 种说法都不对

4. 按照"后进先出"原则组织数据的数据结构是(   )。
   A. 队列   B. 栈   C. 双向链表   D. 二叉树

5. 下列叙述中正确的是(   )。
   A. 线性链表是线性表的链式存储结构   B. 栈与队列是非线性结构
   C. 双向链表是非线性结构   D. 只有根结点的二叉树是线性结构

6. 对如下二叉树,进行后序遍历的结果为(   )。

```
        A
       / \
      B   C
     /   / \
    D   E   F
```

   A. ABCDEF   B. DBEAFC   C. ABDECF   D. DEDFCA

7. 在深度为 7 的满二叉树中,叶子结点的个数为(   )。
   A. 32   B. 31   C. 64   D. 63

8. "商品"与"顾客"两个实体集之间的联系一般是(   )。
   A. 一对一   B. 一对多   C. 多对一   D. 多对多

9. 在 E-R 图中,用来表示实体的图形是(   )。
   A. 矩形   B. 椭圆形   C. 菱形   D. 三角形

10. 数据库 DB、数据库系统 DBS、数据库管理系统 DBMS 之间的关系是(   )。
    A. DB 包含 DBS 和 DBMS   B. DBMS 包含 DB 和 DBS
    C. DBS 包含 DB 和 DBMS   D. 没有任何关系

N.2 填空题

1. 对长度为 10 的线性表进行冒泡排序，最坏情况下需要比较的次数为_____。

2. 在面向对象方法中，_____描述的是具有相似属性与操作的一组对象。

3. 在关系模型中，把数据看成是二维表，每一个二维表称为一个_____。

4. 程序测试分为静态分析和动态测试。其中_____是指不执行程序，而只是对程序文本进行检查，通过阅读和讨论，分析和发现程序中的错误。

5. 数据独立性分为逻辑独立性与物理独立性。当数据的存储结构改变时，其逻辑结构可以不变，因此，基于逻辑结构的应用程序不必修改，称为_____。

选择题答案 　 1～10 　 DADBA 　 　 DCDAC

填空题答案 　 1.45 　 2.类 　 　 3.关系 　 4.静态分析 　 5.物理独立性

附录 O　2005 年 9 月计算机等级考试二级公共基础知识试题及答案

O.1　选择题

1. 下列叙述中正确的是(　　)。
   - A. 程序设计就是编制程序
   - B. 程序的测试必须由程序员自己去完成
   - C. 程序经调试改错后还应进行再测试
   - D. 程序经调试改错后不必进行再测试

2. 下列数据结构中,能用二分法进行查找的是(　　)。
   - A. 顺序存储的有序线性表
   - B. 线性链表
   - C. 二叉链表
   - D. 有序线性链表

3. 下列关于栈的描述正确的是(　　)。
   - A. 在栈中只能插入元素而不能删除元素
   - B. 在栈中只能删除元素而不能插入元素
   - C. 栈是特殊的线性表,只能在一端插入或删除元素
   - D. 栈是特殊的线性表,只能在一端插入元素,而在另一端删除元素

4. 下列叙述中正确的是(　　)。
   - A. 一个逻辑数据结构只能有一种存储结构
   - B. 数据的逻辑结构属于线性结构,存储结构属于非线性结构
   - C. 一个逻辑数据结构可以有多种存储结构,且各种存储结构不影响数据处理的效率
   - D. 一个逻辑数据结构可以有多种存储结构,且各种存储结构影响数据处理的效率

5. 下列描述中正确的是(　　)。
   - A. 软件工程只是解决软件项目的管理问题
   - B. 软件工程主要解决软件产品的生产率问题
   - C. 软件工程的主要思想是强调在软件开发过程中需要应用工程化原则
   - D. 软件工程只是解决软件开发中的技术问题

6. 在软件设计中,不属于过程设计工具的是(　　)。
   - A. PDL(过程设计语言)
   - B. PAD 图
   - C. N-S 图
   - D. DFD 图

7. 下列叙述中正确的是(　　)。
   - A. 软件交付使用后还需要进行维护

B. 软件一旦交付使用就不需要再进行维护

C. 软件交付使用后其生命周期就结束

D. 软件维护是指修复程序中被破坏的指令

8. 数据库设计的根本目标是要解决（　　　）。

    A. 数据共享问题　　　　　　　　　　B. 数据安全问题

    C. 大量数据存储问题　　　　　　　　D. 简化数据维护

9. 设有如下关系表：

R		
A	B	C
1	1	2
2	2	3

S		
A	B	C
3	1	3
2	2	3

T		
A	B	C
1	1	2
3	1	3
2	2	3

则下列操作中正确的是（　　　）。

    A. $T = R \cap S$　　　B. $T = R \cup S$　　　C. $T = R \times S$　　　D. $T = R / S$

10. 数据库系统的核心是（　　　）。

    A. 数据模型　　　　　　　　　　　　B. 数据库管理系统

    C. 数据库　　　　　　　　　　　　　D. 数据库管理员

O.2　填空题

1. 数据管理技术发展过程经过人工管理、文件系统和数据库系统 3 个阶段，其中数据独立性最高的阶段是_____。

2. 算法复杂度主要包括时间复杂度和_____复杂度。

3. 在进行模块测试时，要为每个被测试的模块另外设计两类模块：驱动模块和承接模块（桩模块）。其中_____的作用是将测试数据传送给被测试的模块，并显示被测试模块所产生的结果。

4. 一棵二叉树第六层（根结点为第一层）的结点数最多为_____个。

5. 数据结构分为逻辑结构和存储结构，循环队列属于_____结构。

选择题答案　1～10　CACDC　　　DAABB

填空题答案　1. 数据库系统　　2. 空间　　3. 驱动模块　　4. 32

           5. 逻辑结构

参 考 文 献

[1] 陆岚，等.大学计算机基础实验教程(Windows 7＋Office 2010 高等学校教材)[M].北京：高等教育出版社,2013.

[2] 崔舒宁，等.大学计算机基础实验教程[M].北京：电子工业出版社,2011.

[3] 钟玉琢，等.多媒体技术与应用[M].北京：人民邮电出版社,2010.

[4] 朱晓姝，周培春.计算机应用基础习题与实验指导(第 3 版)[M].成都：西南交通大学出版社.2014.

[5] 沈维燕,黄艳,李娟.大学计算机基础实验指导[M].南京：南京大学出版社.2014.

[6] 吴方，等.大学计算机应用基础实验指导与习题[M].北京：北京理工大学出版社.2013.

[7] 高万萍，等.计算机应用与基础实训指导[M].北京：清华大学出版社,2013.

[8] 张丽玮，等.Office 2010 高级应用教程[M].北京：清华大学出版社,2014.

[9] 孙莹光，等.大学计算机基础实验教程(第 2 版)[M].北京：清华大学出版社 2013.

[10] 谢华,冉洪艳.PowerPoint 2010 标准教程[M].北京：清华大学出版社,2012.

[11] 吴军强,邓昶.大学计算机应用基础实验指导[M].北京：中国铁道出版社.2013.

[12] 杨峰,徐然.多媒体制作技术——Dreamweaver＋Flash[M].北京：科学出版社.2010.

[13] 喻焰.大学计算机基础与应用实验指导[M].北京：中国铁道出版社,2006.

[14] 胡西林，等.计算机文化基础上机指导教程[M].武汉：武汉大学出版社,2007.

[15] 曾碧卿,胡绪英.大学计算机基础实验教程(第 2 版)[M].北京：科学出版社,2009.

[16] 鄢旭,罗显松,毛四本.新编计算机文化基础[M].北京：中国书籍出版社,2008.

[17] 顾刚.大学计算机基础实验指导[M].西安：西安交通大学出版社,2007.

[18] 孙淑霞,丁照宇.大学计算机基础实验指导[M].北京：高等教育出版社,2007.

[19] 王锦,冯庆煜.新编大学计算机基础[M].成都：电子科技大学出版社,2007.

[20] 罗庆云,郭云飞,程远东.新编大学计算机基础[M].北京：中国书籍出版社,2008.